Gerhard Koc[illegible]

Multivariate Datenanalyse

Gerhard Kockläuner

Multivariate Datenanalyse

Am Beispiel des statistischen Programmpakets SPSS

vieweg

Prof. Dr. Gerhard Kockläuner
Fachhochschule Kiel
University of Applied Sciences
Fachbereich Wirtschaft
Institut für Statistik und Operations Research
Sokratesplatz 2
24149 Kiel

Die Deutsche Bibliothek – CIP-Einheitsaufnahme
Ein Titeldatensatz für diese Publikation ist bei
Der Deutschen Bibliothek erhältlich.

1. Auflage Oktober 2000

Der Verlag Vieweg ist ein Unternehmen der Fachverlagsgruppe BertelsmannSpringer.

www.vieweg.de

Konzeption und Layout des Umschlags: Ulrike Weigel, www.CorporateDesignGroup.de

Gedruckt auf säurefreiem Papier

ISBN-13: 978-3-528-03165-7 e-ISBN-13: 978-3-322-80222-4
DOI: 10.1007/978-3-322-80222-4

Vorwort

Die „Multivariate Datenanalyse“ bietet eine Einführung in multivariate statistische Verfahren. Klassische multivariate Analysen wie die Hauptkomponentenanalyse oder die multivariate Regressionsanalyse werden dabei um die Korrespondenz- bzw. die Conjointanalyse ergänzt. Explorative Ansätze stehen im Vordergrund. Konfirmatorische Testverfahren bleiben auf multivariate Regressions- sowie Varianz- und Kovarianzanalysen beschränkt.

Für explorative und konfirmatorische Verfahren ist eine einheitliche Darstellung gewählt: Zu Beginn wird das jeweilige Analyseziel vorgestellt, danach die Datengrundlage. Auf eventuell angebrachte Datentransformationen folgt das zu nutzende Datenmodell. Im Anschluss daran wird das eigentliche datenanalytische Verfahren vorgestellt. Am Ende steht jeweils die Interpretation einer softwareorientierten Anwendung. Die genutzte Software begründet den Untertitel „Am Beispiel des statistischen Programmpakets SPSS.“

Die „Multivariate Datenanalyse“ enthält notwendig univariate Datenanalysen. Leserinnen und Leser sollten daher z.B. mit univariaten Regressionsanalysen vertraut sein. Dazu gehören dann u.a. die Kleinstquadrateschätzung sowie klassische t- oder F-Tests. Erforderlich ist aber auch eine Darstellung der Regressionsanalyse in Matrizenform: Multivariate statistische Verfahren sind jeweils an Matrizenschreibweisen gebunden. Aus der linearen Algebra werden zudem Eigenwertzerlegungen benötigt.

Die „Multivariate Datenanalyse“ benutzt für alle Beispiele einen einheitlichen Datensatz. Dieser enthält - bezogen auf Entwicklungsländer - Beobachtungen verschiedener Armutsindikatoren. Jedes Beispiel liefert damit einen eigenen Beitrag zur Armutsforschung. Eine Einführung in die Messung von Entwicklung bzw. Armut findet sich im jährlichen „Bericht über die menschliche Entwicklung“ von UNDP, dem Entwicklungsprogramm der Vereinten Nationen.

Die „Multivariate Datenanalyse" ist so aufgebaut, dass die einzelnen Kapitel und Exkurse, d.h. die einzelnen multivariaten statistischen Verfahren getrennt erarbeitet werden können. Methodische Verbindungen zwischen den verschiedenen Verfahren werden in den einzelnen Kapiteln durch Hinweise verdeutlicht. Zu Beweisdarstellungen, aber auch zur Theorie multivariater Normalverteilungen sei auf einen Klassiker wie „Multivariate Analysis" von Mardia et al. verwiesen.

Gerhard Kockläuner Kiel, im Herbst 2000

Inhaltsverzeichnis

Teil II: Explorative Verfahren: Dependenzverfahren

Teil III: Konfirmatorische Verfahren: Einstichprobenverfahren

Teil IV: Konfirmatorische Verfahren: Mehrstichprobenverfahren

Kapitel 1: Einleitung

In multivariaten Datenanalysen werden multivariate Datensätze untersucht. Multivariate Datensätze bestehen aus Beobachtungen von in der Regel drei oder mehr Variablen. Die jeweiligen Variablen, d.h. Merkmale, sind vorrangig Eigenschafts- oder Präferenzvariablen. Es können wie im Falle multidimensionaler Skalierungen aber auch Ähnlichkeits- oder Unähnlichkeitsvariablen sein. Unähnlichkeiten heißen auch Distanzen.

Multivariate Datenanalysen erfolgen explorativ und/oder konfirmatorisch. Die jeweiligen Analyseverfahren lassen sich in Interdependenz- und Dependenzverfahren einteilen. Bei Dependenzverfahren sind in der Regel mindestens zwei abhängige Variablen vorhanden. Explorative Analyseverfahren gehören zur beschreibenden Statistik. Konfirmatorische Verfahren setzen dagegen Modelle der schließenden Statistik voraus. Die zugehörigen Testverfahren sind dann Ein- oder Mehrstichprobenverfahren.

Multivariate Analyseverfahren lassen sich mit Hilfe statistischer Programmpakete wie SPSS auf einfache Weise anwenden. Das Softwarepaket SPSS bietet ein umfangreiches Spektrum entsprechender Prozeduren. Für explorative Zwecke besteht in SPSS daneben die Möglichkeit, interaktive Graphiken zu erstellen.

Multivariate Analyseverfahren können in der Regel auch im Data Mining eingesetzt werden, wo in Datenbanken vorhandene Datensätze großen Umfangs zu analysieren sind.

1.1 Multivariate Datensätze

1.1.1 Eigenschaftsdaten

Merkmalträger sind statistische Untersuchungsobjekte, die bestimmte Eigenschaften besitzen. Werden solche Eigenschaften beobachtet, entstehen Eigenschaftsdaten. Eigenschaftsdaten können qualitativ oder quantitativ sein.

- Bei qualitativen oder nichtmetrischen Variablen ist zwischen nominalem und ordinalem Skalenniveau zu unterscheiden. So ist eine Gruppierungsvariable nominal skaliert, wenn ihre Ausprägungen lediglich dazu dienen, Merkmalträger einer von mehreren benannten Gruppen zuzuweisen. Besteht dagegen eine Gruppenhierarchie und sind demnach die Ausprägungen der Gruppenvariable z.B. Platzziffern bzw. Ränge, dann liegt eine Ordinalskala vor.
- Quantitative Variablen werden auch metrische oder kardinal skalierte Variablen genannt. Ihre numerischen Ausprägungen erlauben Abstandsvergleiche, d.h. Vergleiche von Intervalllängen. Kardinal skalierte Variablen sind damit zumindest intervallskaliert. Kommt wie z.B. bei prozentbezogenen Variablen noch ein natürlicher Nullpunkt hinzu, liegt mindestens eine Verhältnisskala vor. Die bei prozentbezogenen Variablen vorhandene natürliche Einheit führt schließlich auf eine Absolutskala.

Eigenschaftsdaten entstehen bei der Beobachtung von Paaren, deren Elemente unterschiedlichen Mengen angehören. So hat eine Menge von betrachteten Objekten eine Menge von beobachteten Eigenschaften. Eigenschaftsdaten lassen sich damit als Elemente einer Matrix **X** auffassen, bei der üblicherweise die Objekte den Zeilen und die Eigenschaftsvariablen den Spalten zugeordnet sind. Bei n Objekten und $k \leq n$ Eigenschaften ist **X** eine rechteckige Datenmatrix. Die Zeilen von **X** beschreiben einzelne Objekte in Form eines Vektors. Eigenschaftsdaten werden daher auch Vektordaten genannt. Die zeilenbezogenen Vektordaten bilden Koordinaten für eine Punktrepräsentation der Objekte in einem von den k Eigenschaften aufgespannten Variablenraum. Diesem Variablenraum steht ein n-dimensionaler Beobachtungsraum gegenüber. Darin können entsprechend die Variablen – beschrieben durch Eigenschaftsvektoren aus den Spalten von **X** – als Punkte oder Vektoren, d.h. hier gerichtete Pfeile, repräsentiert werden.

Naturgemäß setzen sich Datensätze von Eigenschaftsdaten manchmal aus mehreren Datenmatrizen zusammen. So werden häufig die interessierenden Eigenschaften bestimmter Untersuchungsobjekte im Zeitablauf immer wieder neu erfasst. Es entstehen Längsschnitt- oder Paneldaten, die sich in einer Zeitreihe von Datenmatrizen anordnen lassen. Ein solcher Paneldatensatz weist neben den Objekten und den Eigenschaften mit den verschiedenen Zeitbezügen eine dritte Bezugskategorie, d.h. einen dritten Datenmodus, auf.

Spezielle Eigenschaftsdaten enthält der im folgenden als Beispiel genutzte Datensatz:

Tabelle 1.1: Datenmatrix **X** für n = 77 Objekte mit k = 9 Eigenschaften

Land	*leben*	*alpha*	*wasser*	*gesund*	*gewicht*	*hpi*	*bevölk*	*g*	r
Trinidad	4	2,1	3	0	7	3,33	1,3	1	2
Chile	4	4,8	5	3	1	4,07	14,2	1	2
Uruguay	5	2,7	5	0	7	4,11	3,2	1	2
Singapur	2	8,9	0	0	14	6,48	3,3	1	3
Costa Rica	4	5,2	4	20	2	6,58	3,4	1	2
Jordanien	8	13,4	2	3	9	10,02	5,4	1	3
Mexiko	8	10,4	17	7	14	10,69	91,1	1	2
Kolumbien	9	8,7	15	19	8	11,13	35,8	1	2
Panama	6	9,2	7	30	7	11,14	2,6	1	2
Jamaika	5	15,0	14	10	10	11,82	2,5	1	2
Thailand	10	6,2	11	10	26	11,92	58,2	1	3
Mauritius	4	17,1	2	0	16	12,07	1,1	1	1
Mongolei	11	17,1	20	5	12	13,99	2,5	1	3
Ar.Emirate	3	20,8	5	1	6	14,47	2,2	1	3
Ecuador	11	9,9	32	12	17	15,28	11,5	1	2
China	7	18,5	33	12	16	17,13	1220,2	1	3
Libyen	13	23,8	3	5	5	17,38	5,4	1	1
Domin.R.	9	17,9	35	22	6	17,37	7,8	1	2
Philippinen	9	5,4	16	29	30	17,66	67,8	1	3
Paraguay	9	7,9	40	37	4	19,10	4,8	1	2
Indonesien	13	16,2	38	7	34	20,20	197,5	1	3
Sri Lanka	6	9,8	43	7	38	20,64	17,9	1	3
Syrien	8	29,2	14	10	13	20,87	14,2	1	3
Bolivien	18	16,9	37	33	11	21,63	7,4	1	2
Honduras	12	27,3	13	31	18	21,76	5,7	1	2
Iran	10	31,0	10	12	16	22,20	68,4	1	3

Land	*leben*	*alpha*	*wasser*	*gesund*	*gewicht*	*hpi*	*bevölk*	*g*	r
Peru	12	11,3	33	56	8	23,10	23,5	1	2
Tunesien	8	33,3	2	10	9	23,27	9,0	1	1
Simbabwe	34	14,9	21	15	16	25,17	11,2	1	1
Lesotho	23	28,7	38	20	16	25,68	2,0	1	1
Vietnam	11	6,3	57	10	45	26,15	73,8	1	3
Nicaragua	12	34,3	39	17	12	26,16	4,1	1	2
Botswana	31	30,2	7	11	15	26,94	1,5	1	1
Algerien	9	38,4	22	2	13	27,03	28,1	1	1
Kenia	27	21,9	47	23	23	27,14	27,1	1	1
Myanmar	19	16,9	40	40	31	27,49	45,1	1	3
El Salvador	12	28,5	31	60	11	27,76	5,7	1	2
Oman	6	41,0	18	4	23	28,91	2,2	1	3
Guatemala	14	35,0	23	43	27	29,29	10,6	1	2
Papua N.G.	19	27,8	72	4	35	29,75	4,3	1	3
Namibia	26	24,0	43	41	26	29,96	1,5	1	1
Irak	17	42,0	22	7	12	30,07	20,1	2	3
Kamerun	26	36,6	50	20	14	30,91	13,2	2	1
Kongo	32	25,1	66	17	24	31,52	2,6	2	1
Ghana	23	35,5	35	40	27	31,77	17,3	2	1
Ägypten	13	48,6	13	1	15	34,00	62,1	2	1
Indien	16	48,0	19	15	53	35,92	929,0	2	3
Sambia	42	21,8	73	25	24	36,98	8,1	2	1
Laos	28	43,4	56	33	40	39,38	4,9	2	3
Togo	33	48,3	45	39	19	39,80	4,1	2	1
Tansania	31	32,2	62	58	27	39,21	30,0	2	1
Kambod.	27	35,0	64	47	40	39,87	10,0	2	3
Marokko	12	56,3	35	30	9	40,22	26,5	2	1
Nigeria	31	42,9	50	49	36	40,54	111,7	2	1
Zentralafr.	35	40,0	62	48	27	40,69	3,3	2	1
R. Kongo	30	22,7	58	74	34	41,09	45,5	2	1
Uganda	44	38,2	54	51	26	42,12	19,7	2	1
Sudan	27	53,9	50	30	34	42,55	26,7	2	1
Guinea-B.	42	45,1	41	60	23	42,87	1,1	2	1
Haiti	25	55,0	63	40	28	44,55	7,1	2	2
Bhutan	28	57,8	42	35	38	44,89	1,8	2	3
Mauretan.	29	62,3	26	37	23	45,88	2,3	2	1
Pakistan	15	62,2	26	45	38	46,00	136,3	2	3
Elfenbeink.	32	59,9	18	70	24	46,40	13,7	2	1
Banglad.	21	61,9	3	55	56	46,48	118,2	2	3
Madagask.	21	54,2	66	62	34	47,72	14,9	2	1
Malawi	46	43,6	63	65	30	47,73	9,7	2	1
Mosambik	38	59,9	37	61	27	48,49	17,3	2	1
Senegal	32	66,9	37	10	22	48,60	8,3	2	1
Jemen	22	62,0	39	62	39	48,89	15,0	2	3

Land	*leben*	*alpha*	*wasser*	*gesund*	*gewicht*	*hpi*	*bevölk*	*g*	r
Guinea	38	64,1	54	20	26	49,11	7,3	2	1
Burundi	37	64,7	48	20	37	49,52	6,1	2	1
Mali	36	69,0	34	60	27	52,77	10,8	2	1
Äthiopien	34	64,5	75	54	48	55,51	56,4	2	1
Sierra L.	50	68,8	66	62	29	58,28	4,2	2	1
Burkina F.	38	80,8	22	10	30	58,19	10,5	2	1
Niger	36	86,4	52	1	36	62,08	9,2	2	1

Die Elemente der Datenmatrix **X** aus *Tabelle 1.1* entstammen dem „Bericht über die menschliche Entwicklung 1998" (vgl. UNDP (1998, S. 170f)). Betrachtete Objekte sind darin n = 77 von Armut betroffene Entwicklungsländer. Als nominal skalierte Eigenschaftsvariable dieser Länder findet sich ihre Region (Variable *r*) mit den Ausprägungen „1" für Afrika, „2" für Amerika und „3" für Asien. Quantitative prozentbezogene Variablen sind der Anteil der Bevölkerung, dessen Lebenserwartung 40 Jahre nicht übersteigt (Variable *leben*), der Anteil erwachsener Analphabeten (Variable *alpha*), der Anteil von Menschen ohne Zugang zu sauberem Wasser (Variable *wasser*) bzw. ohne Zugang zu Gesundheitsdiensten (Variable *gesund*) sowie der Anteil unterernährter und damit untergewichtiger Kinder unter 5 Jahren (Variable *gewicht*). Die genannten Anteile sind in einer weiteren prozentbezogenen Variable, dem Index für menschliche Armut (Variable *hpi*) auf geeignete Weise (vgl. UNDP (1998, S .132)) aggregiert. Die ordinal skalierte Gruppenvariable *g* ordnet die betrachteten Länder einer Gruppe mit niedrigerem (Ausprägung „1") oder höherem (Ausprägung „2") *hpi*-Wert zu. Dabei wird die zweite Gruppe durch *hpi*-Werte größer gleich 30 definiert. Schließlich gehört zu den in *Tabelle 1.1* erfassten Ländern noch ihre in Millionen gemessene Bevölkerungszahl (Variable *bevölk*) als weitere quantitative Eigenschaftsvariable. Bei k = 7 einbezogenen quantitativen Variablen lassen sich die n einzelnen Länder damit durch Punkte in einem 7-dimensionalen Variablenraum repräsentieren. Umgekehrt ergibt sich eine Repräsentationsmöglichkeit der k einzelnen Variablen in einem Beobachtungsraum mit n = 77 Dimensionen.

1.1.2 Präferenzdaten

Merkmalträger können von Versuchspersonen gemäß jeweiliger Präferenzen in einer bestimmten Reihenfolge geordnet werden. Die jeweilige Reihenfolge wird dann durch Platzziffern bzw. Ränge dokumentiert. Damit liegen Präferenzdaten als Beobachtungen ordinal skalierter Präferenzvariablen vor.

Präferenzdaten entstehen häufig aus Paarvergleichen, bei denen jedes Paar Elemente aus unterschiedlichen Mengen enthält. So kann die eine Menge einen idealen Merkmalträger, die andere die realen zu vergleichenden Merkmalträger enthalten. Jedes Paar besteht dann aus dem idealen und einem der realen Merkmalträger. Der Paarvergleich zeigt, welcher der beiden realen näher am idealen Merkmalträger liegt, den anderen realen Merkmalträger also dominiert. Präferenzdaten lassen sich somit durch Aggregation aus Dominanzdaten gewinnen.

Haben k verschiedene Versuchspersonen ihre Präferenzen bezüglich n zu vergleichenden Merkmalträgern festgehalten, ergibt sich die Möglichkeit, Präferenzdaten als Elemente einer Matrix **X** einzuführen. Üblicherweise werden die Präferenzvariablen der Versuchspersonen den Zeilen dieser Matrix, die Merkmalträger den Spalten zugeordnet. Die entstehende rechteckige Datenmatrix enthält also in jeder Zeile die Platzziffern 1 bis n, bei unterschiedlichen Präferenzen der Versuchspersonen aber in unterschiedlichen Reihenfolgen.

Natürlich müssen Versuchspersonen Präferenzen nicht nur in einem globalen Präferenzraum definieren. Reihenfolgen von Merkmalträgern lassen sich auch bezüglich einzelner zumindest ordinal skalierter Eigenschaften festlegen. Werden verschiedene Merkmalträger von verschiedenen Versuchspersonen bezüglich unterschiedlicher Eigenschaften geordnet, ergibt sich bei drei Bezugskategorien ein drei Matrizendimensionen umfassender Satz von Präferenzdaten.

Anknüpfend an *Tabelle 1.1* (vgl. Abschnitt 1.1.1) lassen sich Präferenzdaten beispielsweise wie folgt gewinnen: Es wird eine Präferenz für Länder mit möglichst geringen Mängeln an Überlebensfähigkeit, Bildung, Versorgung und damit niedrigen *hpi*-Werten eingeführt.

Rangtransformationen der Variablen *leben*, *alpha*, *wasser*, *gesund*, *gewicht* und *hpi* liefern eine transponierte Matrix von Präferenzdaten.

1.1.3 Ähnlichkeitsdaten oder Distanzen

Ähnlichkeitsdaten entstehen wie Distanzen (Unähnlichkeitsdaten) bei Paarvergleichen, wobei die Elemente der jeweiligen Paare aus ein und derselben Menge stammen müssen. Der Paarvergleich zeigt, welches Paar als ähnlicher oder unähnlicher wahrgenommen wird. Ähnlichkeits- und Unähnlichkeitsvariablen müssen damit zumindest ordinal skaliert sein.

Ähnlichkeitsdaten oder Distanzen - gemeinsam Proximitäten genannt - können in einem globalen Wahrnehmungsraum erhoben, alternativ aber auch nach der Beobachtung unterschiedlicher Eigenschaften an verschiedenen Merkmalträgern berechnet werden. So erfassen Korrelationskoeffizienten im Beobachtungsraum die Ähnlichkeit zwischen ordinal oder kardinal skalierten Eigenschaftsvariablen. Entsprechend sind im Variablenraum Abstände zwischen Punktrepräsentationen von je zwei Untersuchungsobjekten euklidische Distanzen zwischen diesen Objekten. Die Distanzberechnung erfordert dabei kardinales Skalenniveau der eingehenden Eigenschaftsvariablen, aber auch eine Vergleichbarkeit der inhaltlichen Variablendimensionen.

Aus einem Unähnlichkeitsvergleich von n Objekten ergeben sich Distanzen, die in einer symmetrischen Distanzmatrix **D** anzuordnen sind. Zeilen und Spalten dieser Matrix beziehen sich auf dieselben Objekte. Es gibt also nur einen Datenmodus. Auf der Hauptdiagonale einer Distanzmatrix finden sich notwendig Nullelemente, d.h. die Distanzen zwischen je einem Objekt und sich selbst. Analog finden sich auf der Hauptdiagonale einer immer symmetrischen Korrelationsmatrix **R** nur Einselemente, die Korrelationen zwischen je einer Eigenschaftsvariable und sich selbst. Bei k betrachteten Eigenschaften sind die Elemente einer Korrelationsmatrix ansonsten gerade Korrelationskoeffizienten, berechnet aus den Beobachtungen von je zwei der k Eigenschaftsvariablen.

Spezielle Ähnlichkeitsdaten enthält die aus *Tabelle 1.1* (vgl. Abschnitt 1.1.1) entstandene *Tabelle 1.2.*

Tabelle 1.2: Korrelationsmatrix **R** für k = 5 Variablen

	leben	*alpha*	*wasser*	*gesund*	*gewicht*
leben	1,000	,655	,667	,560	,484
alpha	,655	1,000	,358	,389	,517
wasser	,667	,358	1,000	,484	,528
gesund	,560	,389	,484	1,000	,396
gewicht	,484	,517	,528	,396	1,000

In *Tabelle 1.2* finden sich als Elemente einer Korrelationsmatrix **R** Korrelationen zwischen den in Abschnitt 1.1.1 definierten k = 5 Eigenschaftsvariablen *leben, alpha, wasser, gesund* und *gewicht. Tabelle 1.2* erfaßt demnach die Ähnlichkeit zwischen einzelnen Spaltenvektoren der Datenmatrix **X** aus *Tabelle 1.1.* Die einzelnen Korrelationen sind aus den n = 77 in *Tabelle 1.1* vorliegenden Beobachtungen der genannten Variablen berechnet. Eine mögliche Gewichtung dieser Beobachtungen mit den jeweiligen Bevölkerungswerten ist nicht erfolgt. Die höchste vorkommende Korrelation liegt - für die Variablen *leben* und *wasser* - bei $r_{13} = r_{31} = 0{,}667$. Zur Definition von Korrelationskoeffizienten sei auf Gleichung (2.8) in Abschnitt 2.3 verwiesen.

Aus den Beobachtungen der k = 5 in *Tabelle 1.2* genutzten Eigenschaftsvariablen (vgl. *Tabelle 1.1*) ergeben sich auch die euklidischen Distanzen aus *Tabelle 1.3.*

Tabelle 1.3: Distanzmatrix **D** für n = 8 Objekte

	1	2	3	4	5	6	7	8
1	0,000	1,510	0,535	2,444	2,730	3,321	3,862	3,965
2	1,510	0,000	1,466	3,148	2,052	3,211	3,995	3,656
3	0,535	1,466	0,000	2,587	2,720	3,047	3,440	3,558
4	2,444	3,148	2,587	0,000	3,737	2,890	3,758	4,518
5	2,730	2,052	2,720	3,737	0,000	3,636	4,174	3,085
6	3,321	3,211	3,047	2,890	3,636	0,000	2,789	3,112
7	3,862	3,995	3,440	3,758	4,174	2,789	0,000	2,021
8	3,965	3,656	3,558	4,518	3,085	3,112	2,021	0,000

In *Tabelle 1.3* sind als Elemente einer Matrix **D** die euklidischen Distanzen zwischen den n = 8 ersten in *Tabelle 1.1* aufgeführten Ländern zusammengestellt. *Tabelle 1.3* enthält Distanzen zwischen transformierten Zeilenvektoren der Datenmatrix **X** aus *Tabelle 1.1*. Vor der Distanzberechnung sind die zu den betrachteten Ländern gehörenden Beobachtungen der Variablen *leben*, *alpha*, *wasser*, *gesund* und *gewicht* nämlich spaltenweise standardisiert worden (zur Standardisierung vgl. Abschnitt 2.1). Als kleinste vorkommende positive Distanz findet sich – zwischen Trinidad (Land „1“) sowie Uruguay (Land „3“) – $d_{13} = d_{31} = 0{,}535$. Euklidische Distanzen sind in Gleichung (2.2) und damit in Abschnitt 2.1 definiert.

1.2 Analyseverfahren

1.2.1 Explorative Analyseverfahren

Für explorative statistische Verfahren gilt, dass sich gegebenenfalls statistische Modelle den Daten anpassen müssen und nicht umgekehrt. Explorative Analyseverfahren setzen daher auf Elemente der beschreibenden Statistik. Von statistischen Modellen wird dagegen nur sparsam Gebrauch gemacht.

So werden explorative Verfahren in der multivariaten Datenanalyse zuerst getrennt für jede beobachtete Variable angewandt. Dabei spielen dann graphische Analysen eine große Rolle. Z.B. kann das Histogramm einer Häufigkeitsverteilung für nachfolgende konfirmatorische Analysen mit der Dichtefunktion einer geeignet normalverteilten Zufallsvariable verglichen werden. Dadurch entstehen erste Einblicke in den vorhandenen Datensatz. Die explorativen Einzelanalysen lassen sich anschließend zu einer mehrdimensionalen Analyse zusammenführen. 2- oder 3-dimensionale Streudiagramme vermitteln dann z.B. ein Bild der vorhandenen Korrelationsstruktur. Bei mehr als drei einbezogenen Variablen stoßen graphische Analysen aber an ihre Grenzen. Dann sind die explorativen Verfahren der multivariaten Statistik gefragt.

1.2.1.1 Interdependenzverfahren

Interdependenzverfahren sind Verfahren, bei denen die gegenseitige Abhängigkeit aller Variablen eines Datensatzes untersucht wird. Die Verfahren selbst haben eine

- Klassifikation,
- Reduktion oder
- Repräsentation zum Ziel.

Unter einer Klassifikation kann die Zuordnung von Objekten oder Variablen zu einer von mehreren intern möglichst homogenen, extern aber möglichst heterogenen Gruppen verstanden werden. Homogenität bedeutet dabei, dass einander sehr ähnliche Elemente ein und derselben Gruppe zugeordnet werden. Heterogenität meint, dass in unterschiedlichen Gruppen möglichst unähnliche Elemente enthalten sein sollen. Entsprechende Gruppenbildungen können auf der Basis von Eigenschafts- oder Präferenzdaten erfolgen, erfordern im Ablauf aber auf jeden Fall Ähnlichkeitsdaten oder Distanzen. Da gebildete Gruppen Cluster genannt werden, finden sich explorative Klassifikationsverfahren insbesondere in *Kapitel 2* unter der Überschrift *Clusteranalyse*.

Datenreduktionen vorzunehmen bedeutet, die Anzahl von Objekten oder Variablen eines Datensatzes geeignet zu verringern. Solche Reduktionen sind z.B. dann erforderlich, wenn Objekte oder Variablen durch Punkte in einem 2- oder 3-dimensionalen Koordinatensystem repräsentiert werden sollen, die betrachtete Datenmatrix aber einen Rang größer als drei besitzt. Die betreffende und mit einem Informationsverlust verbundene Reduktion kann bei Eigenschafts- oder Präferenzdaten ansetzen. Wichtigstes Reduktionsverfahren ist die in *Kapitel 3* vorgestellte *Hauptkomponentenanalyse*. Hauptkomponentenanalysen erfordern quantitative Variablen. So werden darin z.B. quantitative Eigenschaftsvariablen zu einer kleinen Anzahl davon abhängiger Hauptkomponenten aggregiert. Sind nur qualitative Variablen einer Kontingenztabelle vorhanden, muss vor der Hauptkomponentenanalyse geeignet quantifiziert werden. Auf spezielle Weise geschieht dies bei der - im Anschluss an *Kapitel 3* - in einem *Exkurs* behandelten *Korrespondenzanalyse*.

Hauptkomponentenanalysen ermöglichen Objektrepräsentationen auf der Basis von Vektordaten. Jede solche Repräsentation ist Ergebnis einer Skalierung. Dabei werden ähnliche Objekte auf nahe beieinander liegende Punkte in einem 2- oder 3-dimensionalen Koordinatensystem abgebildet. Entsprechend können Skalierungen auch für ähnliche Variablen vorgenommen werden. Die *Multidimensionale Skalierung* setzt direkt bei Ähnlichkeitsdaten oder Distanzen an. Ihre gegebenenfalls wieder mit Informationsverlusten verbundenen Verfahren werden in *Kapitel 4* beschrieben.

1.2.1.2 Dependenzverfahren

Dependenzverfahren sind Verfahren, bei denen – analog zur univariaten Regressionsanalyse – zwischen abhängigen und unabhängigen Variablen unterschieden wird. Dabei können zu den beobachteten Variablen eines Datensatzes weitere nicht beobachtete oder auch nicht beobachtbare, d.h. latente Variablen hinzukommen. Für die beobachteten Variablen - meistens Eigenschafts- oder Präferenzvariablen - wird in der Regel kardinales Skalenniveau vorausgesetzt.

Unter diesen Voraussetzungen ist die in *Kapitel 5* behandelte *Faktorenanalyse* ein Verfahren der Datenreduktion. Es gilt darin nämlich, eine große Anzahl beobachteter abhängiger Variablen durch wenige vorerst latente Faktoren als unabhängige Variablen zu erklären. Die Extraktion der Faktoren erfolgt in der Regel analog zur Hauptkomponentenanalyse, die Berechnung von Faktorwerten über eine Regressionsanalyse. Faktorenanalysen besitzen damit sowohl Aspekte von Interdependenz- als auch von Dependenzverfahren. Sind zwei oder drei Faktoren mit ihren zugehörigen Werten gefunden, kann am Ende jeder Faktorenanalyse wieder eine Repräsentation stehen.

Im Gegensatz zur Faktorenanalyse ist die in *Kapitel 6* vorgestellte *Diskriminanzanalyse* vorrangig ein Klassifikationsverfahren. Hier wird vorausgesetzt, dass sich die betrachteten Merkmalträger bzw.

Objekte auf mehrere Gruppen verteilen, die Gruppenstruktur sich damit durch Gruppierungsvariablen beschreiben lässt. Es gilt dann, die abhängigen Gruppierungsvariablen durch an den Merkmalträgern bzw. Objekten beobachtete unabhängige Variablen zu erklären. Die beobachteten Variablen sind dafür auf möglichst wenige vorerst latente Diskriminanzvariablen so zu reduzieren, dass diese die betrachteten Gruppen bestmöglich trennen, d.h. zwischen ihnen diskriminieren. Die Diskriminanzvariablen können schließlich, wenn ihre Werte vorliegen, zur Klassifikation einzelner Merkmalträger genutzt werden.

Bei der in *Kapitel 7* beschriebenen *Kanonischen Korrelationsanalyse* gehören die beobachteten Variablen von vornherein einer von zwei gleichberechtigten Variablengruppen an. Ziel der kanonischen Korrelationsanalyse ist dann eine gegenseitige Erklärung der Variablengruppen. Jede Gruppe ist dabei auf möglichst wenige vorerst latente kanonische Variablen zu reduzieren. Diese sollen dann mit denen der jeweils anderen Gruppe paarweise möglichst hoch korrelieren. Die kanonische Korrelationsanalyse umfasst als allgemeines Dependenzverfahren viele gängige statistische Verfahren. So ergibt sich als Spezialfall die univariate Regressionsanalyse, wenn eine Variablengruppe nur aus einer einzigen Variable besteht.

1.2.2 Konfirmatorische Verfahren

Konfirmatorische statistische Verfahren sind verteilungsgebunden oder verteilungsfrei. Die klassischen konfirmatorischen Verfahren der multivariaten Statistik arbeiten mit dem Modell der Normalverteilung. So ist die Normalverteilungsannahme vor einer Anwendung multivariater Analyseverfahren zu prüfen. Für jede einzelne beobachtete quantitative Variable kann dies getrennt auf explorativem oder auch konfirmatorischem Weg erfolgen. Statt ein Wahrscheinlichkeits- oder Prozentpunktdiagramm zu betrachten, lässt sich auch ein Kolmogorow-Smirnow-Test auf Normalverteilung durchführen. Wird dabei die Normalverteilungsannahme verworfen, erlauben geeignete Variablentransformationen in der Regel eine Annäherung an die Normalverteilung.

Konfirmatorische Verfahren sind vorrangig Testverfahren. Die Normalverteilungsannahme erlaubt aber auch Intervallschätzungen. Da die multivariate konfirmatorische Statistik vor allem Dependenzverfahren umfasst, benötigt sie auch fast immer Eigenschaftsdaten.

Einzelne konfirmatorische Verfahren setzen weitergehende statistische Modellannahmen voraus. Diese Annahmen sind in der Regel vor der Durchführung des jeweiligen Verfahrens geeignet zu testen.

1.2.2.1 Einstichprobenverfahren

Einstichprobenverfahren sind Verfahren, bei denen statistische Modelle mit den Daten einer einzigen Stichprobe konfrontiert werden. Die betrachteten statistischen Modelle können neben den beobachteten Stichprobenvariablen aber zusätzlich noch latente Variablen enthalten. Sowohl für beobachtete als auch für latente Variablen wird in der Regel kardinales Skalenniveau vorausgesetzt.

Das in *Kapitel 8* behandelte Modell der klassischen *Multivariaten Regressionsanalyse* enthält ausschließlich beobachtete Variablen. Mindestens zwei von diesen sollen dabei als abhängige Variablen durch die anderen – dann unabhängigen – Variablen erklärt werden. Als Spezialfall mit nur einer abhängigen Variable ist hier natürlich die univariate Regressionsanalyse enthalten. Ein weiterer – für Anwendungen wichtiger – Spezialfall ergibt sich, wenn keine einzige unabhängige Variable unterstellt wird. Eine besondere Anwendung findet die multivariate Regressionsanalyse in der *Conjointanalyse*. Dabei sind unabhängige und gegebenenfalls auch abhängige Variablen von höchstens ordinalem Skalenniveau. Die Conjointanalyse wird – im Anschluss an *Kapitel 8* – in einem *Exkurs* vorgestellt.

Kapitel 9 widmet sich der *Analyse simultaner Strukturgleichungen*. Wesentlicher Bestandteil ist dabei ein multivariates Regressionsmodell, gegebenenfalls auch für latente Variablen. Einzelne Variablen können dabei interdependent sein, d.h. in unterschiedlichen Strukturgleichungen sowohl als unabhängige als auch abhängige Variablen auftreten. Informationen über gegebenenfalls vorhandene latente Variablen kommen von beobachteten Variablen eines Datensatzes. Diese Variablen sind als abhängige Variablen in einem solchen Fall Indikatoren für latente Faktoren von Faktormodellen. Sind alle Variablen simultaner Strukturgleichungen beobachtbar, entstehen klassische ökonometrische Modelle. Die Analyse simultaner Strukturgleichungen reduziert sich dann auf eine ökonometrische Analyse.

1.2.2.2 Mehrstichprobenverfahren

Mehrstichprobenverfahren sind Verfahren, bei denen die Daten von mindestens zwei abhängigen oder unabhängigen Stichproben modellbezogen verglichen werden. Liegen abhängige Stichproben vor, werden diese in der Regel geeignet zu einer einzigen Stichprobe aggregiert. Die statistische Analyse erfordert dann lediglich Einstichprobenverfahren.

Der Vergleich unabhängiger multivariater Stichproben führt auf *Multivariate Varianz- und Kovarianzanalysen.* Solche Analysen werden in *Kapitel 10* behandelt. Multivariate Varianzanalysen lassen sich der multivariaten Regressionsanalyse als Spezialfall unterordnen, wenn dort die Zugehörigkeit von Beobachtungen zu einer bestimmten Stichprobe über unabhängige Dummyvariablen abgebildet wird. Die beobachteten quantitativen Stichprobenvariablen müssen dann abhängige Regressionsvariablen sein. Kommen zu den Dummyregressoren noch weitere – allerdings quantitative – Regressoren hinzu, entsteht das Modell der multivariaten Kovarianzanalyse.

1.3 Datenanalyse in SPSS

1.3.1 Graphiken

SPSS ist der weltweit führende Anbieter multifunktionaler Statistiksoftware. Das Programmpaket SPSS gliedert sich in ein Basispaket sowie verschiedene dieses um bestimmte Funktionen erweiternde Methodenbausteine. Die „Multivariate Datenanalyse" arbeitet mit SPSS für Windows. Deren Versionen sind fensterorientiert leicht zu nutzen, so dass auf eine Angabe der im Hintergrund liegenden Befehlsfolgen verzichtet werden kann. Insbesondere neuere Versionen von SPSS für Windows enthalten stark verbesserte Graphikbestandteile. Diese finden sich auch in der parallel zum Hauptpaket von SPSS angebotenen Studierendenversion. Die einzelnen Graphikbestandteile sind jeweils unter dem Menufenster *Graphiken* zusammengefasst.

In der Folge werden einige SPSS-Graphiken am Beispiel des Datensatzes aus *Tabelle 1.1* (vgl. Abschnitt 1.1.1) vorgestellt. Dies geschieht einerseits zur Demonstration der Möglichkeiten von SPSS, ist andererseits aber auch Bestandteil einer ersten explorativen Analyse der Beispielsdaten.

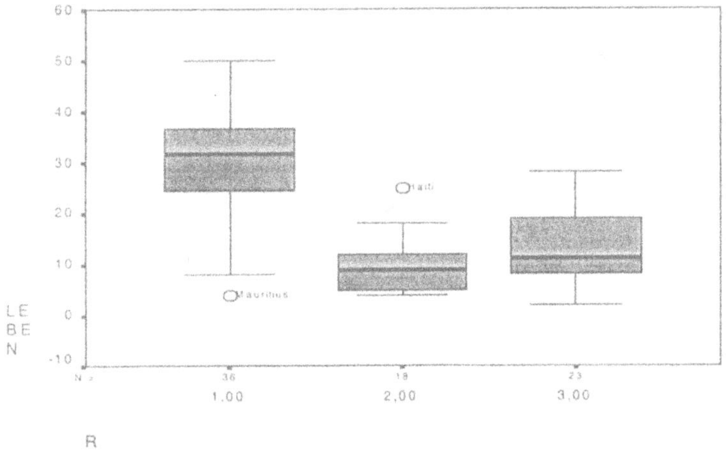

Abbildung 1.1: Regionsbezogene Boxplots der Variable *leben*

So finden sich in *Abbildung 1.1* Boxplots der Variable *leben*, getrennt für die Ausprägungen der Variable *r* mit den Regionen Afrika („1"), Amerika („2") und Asien („3"). Die einzelnen Boxen sind durch Quartile begrenzt. In den Boxen ist der jeweilige Median eingetragen. An den Boxen angebrachte Whisker bezeichnen die größten bzw. kleinsten Nichtausreißer. Als Ausreißer gelten Beobachtungen, die um mehr als 1,5 Boxlängen vom jeweiligen Quartil abweichen. Spezielle Ausreißer sind Mauritius mit geringen und Haiti mit großen Mängeln bei der Überlebensfähigkeit der jeweiligen Bevölkerung. *Abbildung 1.1* verdeutlicht vor allem die besonderen Probleme afrikanischer Länder in Bezug auf eine fehlende Lebenserwartung.

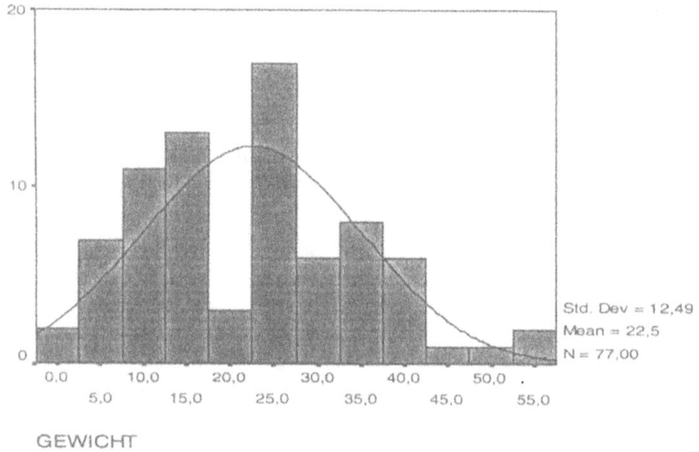

Abbildung 1.2: Histogramm der Variable *gewicht*

Abbildung 1.2 zeigt ein Histogramm mit angepasster Gaußscher Glockenkurve für die Variable *gewicht*. Die Anpassung erfolgt mit dem ausgewiesenen arithmetischen Mittel als Schätzwert für den Erwartungswert und der analog ausgewiesenen empirischen Standardabweichung als Schätzwert für die Standardabweichung der als normalverteilt unterstellten Variable *gewicht*. Zwischen Histogramm und Dichtefunktion der Normalverteilung gibt es in *Abbildung 1.2* keine entscheidenden Abweichungen.

Als Folge können konfirmatorische Analysen der Variable *gewicht* von einer Normalverteilungsannahme ausgehen. Dieses Ergebnis liefert auch ein entsprechender Kolmogorow-Smirnow-Test auf Normalverteilung. Wird dieser mit den Daten aus *Tabelle 1.1* – ohne Gewichtung durch die Variable *bevölk* – getrennt für die Variablen *leben*, *alpha*, *wasser*, *gesund* bzw. *gewicht* durchgeführt, kann die Normalverteilungshypothese bei einem Signifikanzniveau von $\alpha = 0{,}04$ in keinem Fall abgelehnt werden.

Parallel zu *Abbildung 1.2* läßt sich die Normalverteilungsannahme auch wie in *Abbildung 1.3* mit einem Q-Q-Plot explorativ untersuchen. Ein solcher Plot stellt empirische und - mit wie oben geschätzten Parametern - theoretische Quantile der jeweiligen Verteilung in einem Koordinatensystem gegenüber. Bei entsprechenden Übereinstimmungen liegen alle Quantilpunkte nahe bei der Winkelhalbierenden.

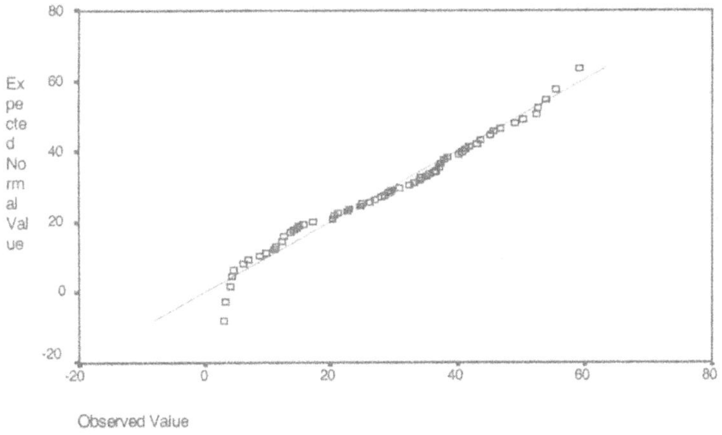

Abbildung 1.3: Quantilplot der Variable *versorg*

Der Q-Q-Plot in *Abbildung 1.3* bezieht sich auf die neu eingeführte Variable *versorg*. Deren Beobachtungen ergeben sich, wenn in *Tabelle 1.1* das arithmetische Mittel aus den Beobachtungen der Variablen *wasser*, *gesund* und *gewicht* gebildet wird. Die Variable *versorg* fasst damit Mängel in der öffentlichen und privaten Versorgung der betrachteten Länder zusammen. Abweichungen zur Normalverteilungsannahme zeigen sich für die Variable *versorg* in *Abbildung 1.3* nur am linken Rand und bedingt durch die Tatsache, dass diese Variable keine negativen Werte annehmen kann. Logarithmustransformationen können hier zu besseren Annäherungen an eine Normalverteilung führen.

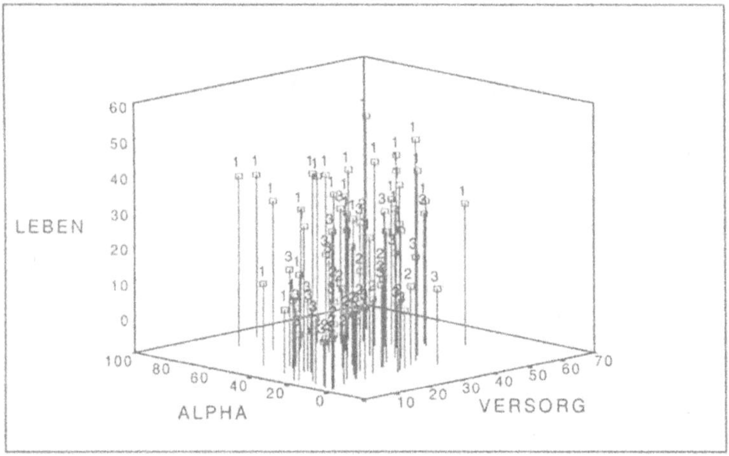

Abbildung 1.4: Streudiagramm der Variablen *leben*, *alpha* und *versorg*

Die Variable *versorg* ist neben den Variablen *leben* und *alpha* auch in das dreidimensionale Streudiagramm von *Abbildung 1.4* aufgenommen. Diese - wie *Abbildung 1.1* - regionsspezifische Abbildung zeigt die Mehrzahl der afrikanischen Länder (Region „1") mit großen Mängeln in der Überlebensfähigkeit, der Alphabetisierung und der Versorgung im hinteren Teil des Diagramms.

1.3.2 Prozeduren

Das Programmpaket SPSS enthält eine Vielzahl statistischer Prozeduren. Diese sind methodisch orientiert und in der Regel über das Menufenster *Statistik* bzw. *Analysen* aufzurufen. Anwendungsvoraussetzung ist dabei, dass sich die zu analysierenden Daten im Dateneditor von SPSS befinden.

Für die „Multivariate Datenanalyse“ ergibt sich folgende Verbindung zwischen den Inhalten der einzelnen Kapitel und den darin jeweils vorgestellten SPSS-Prozeduren:

- Für *Clusteranalysen* (*Kapitel 2*) stehen in SPSS die Prozeduren CLUSTER und QUICK CLUSTER bereit. Die Prozedur CLUSTER erlaubt hierarchische Clusteranalysen, deren Ablauf sich in einem Baumdiagramm darstellen lässt. Bei einer kleinen Anzahl von untersuchten Objekten oder Variablen können aus einem solchen Diagramm geeignete Clusterzahlen abgelesen werden. Liegt eine große Anzahl untersuchter Objekte oder Variablen vor, bietet sich die Clusterzentrenanalyse aus der Prozedur QUICK CLUSTER an. Dabei ist dann allerdings eine geeignete Clusterzahl vorzugeben.

- *Hauptkomponentenanalysen* (*Kapitel 3*) lassen sich in SPSS mit der Prozedur FACTOR durchführen. Bei Anwendungen dieser Prozedur muss aber Vorsicht walten: Verwechslungen mit Faktorenanalysen sind tunlichst zu vermeiden. Für *Korrespondenzanalysen* (*Exkurs*) als verallgemeinerte Hauptkomponentenanalysen gibt es aber gesondert die Prozedur CORRESPONDENCE.

- Die *Multidimensionale Skalierung* (*Kapitel 4*) läuft in SPSS unter der Überschrift ALSCAL oder PROXSCAL. ALSCAL steht für alternierende Kleinstquadrateskalierung. Die Prozedur ALSCAL setzt bei der klassischen metrischen Skalierung an, erweitert diese aber durch ein besonderes Iterationsverfahren. Dadurch werden - wie in PROXSCAL - auch nichtmetrische Skalierungen möglich.

- Naturgemäß ist in SPSS die Prozedur FACTOR für *Faktorenanalysen* (*Kapitel 5*) vorgesehen. Insbesondere die Hauptfaktorenanalyse ist hier von Interesse. Das dafür genutzte Iterationsverfahren muss jedoch konvergieren, wenn interpretierbare Resultate erzielt werden sollen.

- *Diskriminanzanalysen* (*Kapitel 6*) können in SPSS über die Prozedur DISCRIMINANT erfolgen. Diese Prozedur umfasst auch Tests auf Unterschiede zwischen Gruppen von Merkmalträgern.

- Eine *Kanonische Korrelationsanalyse* (*Kapitel 7*) ist in SPSS nicht menuorientiert durchzuführen. Es steht aber für derartige Analysen das Matrix-Macro CANCORR zur Verfügung. Dieses Macro kann in ein Syntaxfenster geladen und von dort auch aufgerufen werden.

- *Multivariate Regressionsanalysen* (*Kapitel 8*) erfordern die Betrachtung eines allgemeinen linearen Modells (GLM). Darauf bezogene Testverfahren sind in der SPSS-Prozedur GLM enthalten. In vielen Fällen lassen sich multivariate aber auf univariate Regressionsanalysen zurückführen. Dafür bietet SPSS die Basisprozedur REGRESSION an. Sind wie bei *Conjointanalysen* (*Exkurs*) aber auch qualitative Variablen einzubeziehen, steht in SPSS mit der Prozedur CATREG (kategoriale Regression) eine besondere Alternative zur Verfügung. Daneben gibt es in SPSS noch die für Conjointanalysen klassische Prozedur CONJOINT.

- *Analysen simultaner Strukturgleichungen* (*Kapitel 9*) können Analysen von Kovarianzstrukturmodellen sein. Für solche Analysen gibt es im Fall linearer Strukturgleichungen z.B. das Programmpaket LISREL. Dieses ist unabhängig von SPSS zu nutzen. Liegt speziell ein ökonometrisches Strukturgleichungsmodell vor, bietet SPSS mit der Prozedur 2SLS ein zweistufiges Kleinstquadrateverfahren für die ökonometrische Analyse an.

- *Multivariate Varianz- und Kovarianzanalysen* (*Kapitel 10*) sind wieder Analysen allgemeiner linearer Modelle. In SPSS werden solche Analysen demnach mit der Prozedur GLM durchgeführt.

Vorrangig ist dabei dann wieder die Behandlung bestimmter Testprobleme.

1.4 Data Mining

Unter „Data Mining“ ist das Schürfen nach Datenmustern in entscheidungsunterstützenden Datenbanken zu verstehen. Bei letzteren kann es sich um unternehmensweite „Data Warehouses“, aber auch um untergeordnete lokale „Data Marts“ handeln. Kennzeichen des „Data Mining“ ist damit zuallererst der große Umfang gegebener multivariater Datensätze. Deren Analyse macht demgemäß eine Verknüpfung von Konzepten der Informatik mit denen der Statistik erforderlich.

So erlauben vorhandene Werkzeuge des „Data Mining“ z.B. animierte Visualisierungen von Daten. Andere verbinden die multidimensionalen Abfragemöglichkeiten des „On Line Analytical Processing“ (OLAP) mit der Erstellung mehrdimensionaler Häufigkeitstabellen. Wieder andere nutzen Wenn-dann-Regeln, um Assoziationen zu untersuchen oder Entscheidungsbäume abzuleiten. Als besonders flexibel erweisen sich künstliche neuronale Netze, die sowohl zur Klassifikation und Reduktion als auch für Dependenzanalysen eingesetzt werden können.

Die genannten Werkzeuge dienen vorrangig der explorativen Datenanalyse. Insoweit lässt sich „Data Mining“ auch als explorative Datenanalyse für multivariate Datensätze großen Umfangs übersetzen. Hervorzuheben ist dabei die häufig vorkommende Verknüpfung von Interdependenz- und Dependenzverfahren. Dies zeigt sich bei der Erstellung von Entscheidungsbäumen z.B. in der Bezeichnung „Classification and Regression Trees“ (CART). Klassische Testverfahren sind aber aus dem „Data Mining“ keinesfalls ausgeschlossen. Hier kann – wieder bezogen auf Entscheidungsbäume – auf die „Chi Square Automatic Interaction Detection“ (CHAID) verwiesen werden.

Besonderes Kennzeichen vieler Verfahren des „Data Mining“ ist ihre Adaptivität. So können künstliche neuronale Netze z.B. ein Regressionsmodell automatisch spezifizieren, wenn sie zuerst Lern-, dann Testdaten als Eingabe erhalten. Datengetrieben wird dabei gegebenenfalls die aktuell vorhandene Spezifikation verändert.

Der quasi-automatische Ablauf von Prozessen des „Data Mining" kann dazu verführen, das jeweils genutzte Werkzeug als „Black Box" zu betrachten. Eine solche Sicht wird auch dadurch gefördert, dass adaptive statistische Verfahren insbesondere dann nur länglich zu beschreibende Ablaufschritte aufweisen, wenn sie explorative und konfirmatorische Aspekte verknüpfen. Es stellt sich damit die Frage, inwieweit die unkonventionellen entscheidungsunterstützenden Systeme des „Data Mining" eine konventionelle multivariate Datenanalyse ersetzen oder nur ergänzen können. Aus statistischer Sicht, zu der auch die Möglichkeit eigener Generierung von Hypothesen gehören muss, kann hier nur eine Ergänzung in Betracht kommen. Das gilt auch deshalb, weil die Kenntnis der klassischen multivariaten statistischen Verfahren Voraussetzung ist, um z.B. den Ablauf neuronalen Lernens verstehen und die dortigen Ergebnisse geeignet interpretieren zu können.

Hier ist festzuhalten, dass bis auf die hierarchische Clusteranalyse alle in diesem Buch vorgestellten multivariaten statistischen Verfahren auch für Datensätze großen Umfangs eingesetzt werden können. Alle diese Verfahren sind damit auch Verfahren des „Data Mining".

Zu einer Einführung in „Data Warehousing und Data Mining" vgl. Lusti (1999).

Teil I: Explorative Verfahren: Interdependenzverfahren

Kapitel 2: Clusteranalyse

Clusteranalysen sind Analysen, bei denen gegebene Objekte oder Variablen eines Datensatzes geeignet gruppiert werden. Eine Gruppierung von Objekten wird Q-Analyse, eine Gruppierung von Variablen R-Analyse genannt. Jede Gruppierung erfordert Distanz- bzw. Ähnlichkeitsmessungen für die betrachteten Elemente bzw. Gruppen von Elementen. Bei einem gegebenen Distanz- bzw. Ähnlichkeitsmaß können intern homogene und gleichzeitig extern heterogene Gruppen, d.h. Cluster, gebildet werden. Die Anzahl zu bildender Cluster ist dabei im Verfahrensablauf oder bereits vorab festzulegen. Erhaltene Gruppierungen sind abschließend geeignet zu interpretieren.

In der Mehrzahl aller Anwendungen werden Clusteranalysen als Q-Analysen durchgeführt. Der zugehörige Datensatz besteht dabei aus Beobachtungen quantitativer Eigenschaftsvariablen. Die beiden nachfolgend beschriebenen Verfahren der Clusteranalyse orientieren sich an diesem Rahmen. So wird zwischen einer hierarchischen Clusteranalyse und einer Clusterzentrenanalyse unterschieden. Bei letzterer ist die Clusteranzahl vorzugeben. Als Alternative werden abschließend auch Clusteranalysen in Form von R-Analysen vorgestellt.

2.1 Agglomerative hierarchische Clusteranalyse

ZIEL: Schrittweise Fusion der ähnlichsten Objekte bzw. Objektgruppen.

DATEN: Matrix $\mathbf{X} = (x_{ij}) \sim (n,k)$, Zeilenvektoren $\mathbf{x}_i' \sim (1,k)$ für i = 1,...,n bezogen auf n Objekte, Spaltenvektoren $\mathbf{x}_j \sim (n,1)$ für j

= 1,...,k bezogen auf k quantitative Eigenschaftsvariablen x_j, j = 1,...,k.

VORBEREITUNG: Eventuelle Standardisierung der Datenmatrix **X** vor Verfahrensbeginn. Dabei werden für j = 1,...,k die Spaltenvektoren $\mathbf{x}_j$ ersetzt durch Spaltenvektoren $\mathbf{z}_j = (\mathbf{x}_j - \bar{x}_j \mathbf{1})/s_{x_j}$ mit $\bar{x}_j$ als arithmetischem Mittel, s_{x_j} als Standardabweichung der Variable x_j sowie **1** ~ (n,1) als Einsvektor. Im Ergebnis findet sich mit $\bar{z}_j = 0$ eine Zentrierung und mit $s_{z_j} = 1$ eine einheitliche Standardabweichung für jede der k dimensionslosen standardisierten Variablen z_j, j = 1,...,k. Deren Werte bilden Elemente einer Matrix $\mathbf{Z} = (z_{ij})$ ~ (n,k), in die die Matrix **X** in Folge der Standardisierung übergeht. Mit $\bar{x}' = (\bar{x}_1 \ldots \bar{x}_k)$ ~ (1,k) als Mittelwertvektor und D_{s_x} = diag(s_{x_1},..., s_{x_k}) ~ (k,k) als Diagonalmatrix von Standardabweichungen lässt sich eine Standardisierung in der Form

$$\mathbf{Z} = (\mathbf{X} - \mathbf{1}\,\bar{x}')\,D_{s_x}^{-1} = ((x_{ij} - \bar{x}_j)/s_{x_j}) \sim (n,k) \qquad \textbf{(2.1)}$$

schreiben. Dabei bezeichnet $D_{s_x}^{-1}$ ~ (k,k) die Inverse der Matrix D_{s_x}.

Hinweis: Für standardisierte Variablen z_j und $z_{j'}$ stimmen Kovarianz und Korrelation überein. Insbesondere ist die Korrelation zwischen z_j und $z_{j'}$ gleich der Korrelation zwischen den nicht standardisierten Ausgangsvariablen x_j und $x_{j'}$.

MODELL: Unähnlichkeitsmessung für Objekte mit den Nummern i und i´ über euklidische Distanzen, d.h. für Zeilenvektoren $\mathbf{x}_i'$ und $\mathbf{x}_{i'}'$ der Matrix **X** über

$$d_{ii'} = ((\mathbf{x}_i - \mathbf{x}_{i'})'(\mathbf{x}_i - \mathbf{x}_{i'}))^{1/2} =$$

$$(\sum_{j=1}^{k}(x_{ij} - x_{i'j})^2)^{1/2} \text{ für } i,i' = 1,...,n. \qquad \textbf{(2.2)}$$

Hinweis: Für k = 2 gibt $d_{ii'}$ nach Pythagoras die Länge der Hypotenuse in einem rechtwinkligen Dreieck an.

VERFAHREN: Schrittweise Fusion der Objekte bzw. Objektgruppen mit der jeweils kleinsten durchschnittlichen euklidischen Distanz. Ähnlichste Objekte bzw. Objektgruppen sind danach diejenigen, bei denen das arithmetische Mittel der euklidischen Distanzen - berechnet über Objektpaare, deren Elemente aus unterschiedlichen Objektgruppen stammen - minimal ausfällt. Dieses Verfahren wird auch „average linkage between groups"-Verfahren genannt.

BEISPIEL: Gegeben sind Beobachtungen der k = 5 Variablen *leben*, *alpha*, *wasser*, *gesund* und *gewicht* für die n = 18 amerikanischen Länder aus *Tabelle 1.1* (vgl. Abschnitt 1.1.1). Gesucht ist eine geeignete Anzahl von Ländergruppen.

Die Prozedur CLUSTER von SPSS liefert nach Standardisierung der Datenmatrix für das euklidische Distanzmodell und das beschriebene Fusionsverfahren den Fusionsprozess aus *Tabelle 2.1*.

Wie *Tabelle 2.1* zeigt, sind unter den betrachteten Ländern Trinidad (Land „1") und Uruguay (Land „3") mit einer euklidischen Distanz von d_{13} = 0,224 am ähnlichsten (vgl. dazu *Tabelle 1.3* in Abschnitt 1.1.3, in der u.a. auch diese beiden Länder mit einer vergleichbaren euklidischen Distanz auftauchen). Die genannten Länder werden folgerichtig im ersten Schritt fusioniert. Im zweiten Schritt wird als drittes Land Chile (Land „2") in die bereits gebildete Gruppe aufgenommen. Chile liegt also distanzbezogen näher an der im ersten Schritt gebildeten Gruppe als an einem anderen der untersuchten Länder. Dafür erfolgt im dritten Schritt eine Fusion der bis dahin noch isolierten Länder Mexiko (Land „5") und

Jamaika (Land „8"). So werden die einzelnen Fusionen fortgesetzt, bis zuletzt durch die Aufnahme von Haiti (Land „18") alle betrachteten Länder in einer einzigen Gruppe vereinigt sind.

Tabelle 2.1: Agglomeration von n = 18 amerikanischen Ländern

	Cluster Combined		Coefficient	Stage Cluster First Appears		Next Stage
Stage	Cluster 1	Cluster 2		Cluster 1	Cluster 2	
1	1	3	0,224	0	0	2
2	1	2	0,847	1	0	6
3	5	8	0,868	0	0	7
4	6	7	0,961	0	0	7
5	10	11	1,163	0	0	13
6	1	4	1,191	2	0	9
7	5	6	1,288	3	4	9
8	14	16	1,311	0	0	14
9	1	5	1,588	6	7	16
10	13	17	1,633	0	0	15
11	12	15	1,886	0	0	12
12	9	12	1,964	0	11	13
13	9	10	1,995	12	5	14
14	9	14	2,298	13	8	15
15	9	13	2,671	14	10	16
16	1	9	3,022	9	15	17
17	1	18	5,628	16	0	0

In *Tabelle 2.1* wird die Unähnlichkeit der jeweils fusionierten Objekte bzw. Objektgruppen über euklidische Distanzen in der Koeffizientenspalte angezeigt. Dabei zeigt sich die Ähnlichkeit zwischen Trinidad und Uruguay ebenso wie die Außenseiterrolle Haitis.

Eine graphische Umsetzung der distanzbezogenen Fusionen aus *Tabelle 2.1* liefert das Dendrogramm aus *Abbildung 2.1*. Darin sind die euklidischen Distanzen aus *Tabelle 2.1* auf das Intervall [0,25] reskaliert. Die einzelnen Fusionen werden durch Pluszeichen gekennzeichnet. Nach jeder Fusion vermindert sich die Anzahl waagerechter Linien und damit die Anzahl vorhandener Cluster um eins.

```
C A S E     0         5        10        15        20        25
 Label Num  +---------+---------+---------+---------+---------+

Case 1   1   -+---+
Case 3   3   -+   +---+
Case 2   2   -----+   +---+
Case 5   4   ---------+   +-----------+
Case 7   5   -----+---+   I           I
Case 10  8   -----+   +---+           I
Case 8   6   -------+-+               +-----------------------+
Case 9   7   -------+                 I                       I
Case 25 13   -------------+---------+ I                       I
Case 39 17   -------------+         +-+                       I
Case 27 14   -----------+-------+   I                         I
Case 37 16   -----------+       +---+                         I
Case 18 10   ---------+-------+ I                             I
Case 20 11   ---------+       +-+                             I
Case 24 12   ---------------+-+                               I
Case 32 15   ---------------+ I                               I
Case 15  9   -----------------+                               I
Case 60 18   -------------------------------------------------+
```

Abbildung 2.1: Dendrogramm der Objektagglomeration aus *Tabelle 2.1*

Abbildung 2.1 zeigt in der Labelspalte die Fallnummern aus *Tabelle 1.1*. Die betrachteten Länder lassen sich damit identifizieren.

INTERPRETATION: Wie bei jeder agglomerativen hierarchischen Clusteranalyse gehört zur Interpretation des betrachteten Beispiels vorrangig die Festlegung der Clusteranzahl. Diese Festlegung kann subjektiv mit Blick auf Dendrogramme wie in *Abbildung 2.1* erfolgen. Extern heterogene Cluster sind darin an Bereichen reskalierter Distanzen festzumachen, in denen keine Fusionen erfolgen.

Danach liegen im Beispiel zumindest zwei extern heterogene Cluster vor. Denn bei einer reskalierten Distanz von ca. 13 bis unter 25 findet sich keine einzige Fusion. Ein Cluster mit

Haiti (Land „60") als einzigem Objekt ist damit eindeutig identifiziert. Der nächst kleinere Bereich ohne vorhandene Fusion liegt bei einer reskalierten Distanz von ca. 10 bis unter 12. Hier gibt es noch vier vorhandene Cluster. Von oben nach unten ist das zuerst diejenige aus acht Ländern bestehende Gruppe, die unter den amerikanischen Ländern die niedrigsten *hpi*-Werte und damit die geringsten Armutsprobleme aufweist. Es folgen im nächsten Cluster die beiden mittelamerikanischen Nachbarländer Honduras (Land „25") und Guatemala (Land „39"). Das dritte Cluster umfaßt dann weitere mittel- und lateinamerikanische Länder mit höheren *hpi*-Werten. Das vierte Cluster mit Haiti vervollständigt die Liste. Wird die reskalierte Distanz auf ca. 12,5 erhöht, fusionieren das zweite und dritte genannte Cluster, so dass bei unwesentlich größerer reskalierter Distanz noch drei Cluster verbleiben.

Die gefundenen Cluster sind konstruktionsbedingt intern homogen. Das Ausmaß interner Homogenität ist jeweils groß, wenn alle zur Clusterbildung erforderlichen Fusionen bei kleinen reskalierten Distanzen erfolgen.

In *Abbildung 2.1* zeigt sich danach bei drei Clustern das erste von größerer interner Homogenität als das nachfolgende zweite.

Interne Homogenität und externe Heterogenität lassen sich aber auch statistisch über eine Streuungszerlegung erfassen. Dazu ist bei g Clustern die Varianzkovarianzmatrix $\mathbf{T}/(n-1) = (t_{jj'}/(n-1)) \sim (k,k)$ der k untersuchten Variablen in die Summe aus der Matrix $\mathbf{W}/(n-1) = (w_{jj'}/(n-1)) \sim (k,k)$ kombinierter interner und der Matrix $\mathbf{B}/(n-1) = (b_{jj'}/(n-1)) \sim (k,k)$ kombinierter externer Streuungen zu zerlegen. Es gilt $\mathbf{T} = \mathbf{W} + \mathbf{B}$ mit

$$\mathbf{T} = \sum_{i=1}^{n} (\mathbf{x}_i - \bar{x})(\mathbf{x}_i - \bar{x})' =$$

$$(\sum_{i=1}^{n}(x_{ij} - \bar{x}_j)(x_{ij'} - \bar{x}_{j'})) \sim (\mathrm{k,k}), \tag{2.3}$$

$$\mathbf{W} = \sum_{l=1}^{g}\sum_{i_l=1}^{n_l}(\mathbf{x}_{i l} - \bar{x}^l)(\mathbf{x}_{i l} - \bar{x}^l)' =$$

$$(\sum_{l=1}^{g}\sum_{i_l=1}^{n_l}(x_{i_l j} - \bar{x}_j^l)(x_{i_l j'} - \bar{x}_{j'}^l)) \sim (\mathrm{k,k}), \tag{2.4}$$

$$\mathbf{B} = \sum_{l=1}^{g} n_l(\bar{x}^l - \bar{x})(\bar{x}^l - \bar{x})' =$$

$$(\sum_{l=1}^{g} n_l(\bar{x}_j^l - \bar{x}_j)(\bar{x}_{j'}^l - \bar{x}_{j'})) \sim (\mathrm{k,k}). \tag{2.5}$$

In Gleichung (2.3) sind bei k Variablen die Dimensionen $\mathbf{x}_i \sim$ (k,1) und $\bar{x} \sim$ (k,1) zu beachten. Der Index i_l in Gleichung (2.4) durchläuft die Objektnummern aus Cluster l. $\bar{x}^l \sim$ (k,1) kennzeichnet den Mittelwert- oder Zentrumsvektor für die n_l Beobachtungen dieses Clusters. In Gleichung (2.5) werden die einzelnen clusterbezogenen Mittelwertvektoren mit dem Gesamtmittelwertvektor verglichen.

Das mit der Clusteranzahl g verbundene Ausmaß interner Homogenität spiegelt sich demnach in der Matrix **W** wieder, entsprechend das Ausmaß externer Heterogenität in der Matrix **B**. Soll Homogenität bzw. Heterogenität in einer einzigen Kennzahl erfasst werden, bietet sich die jeweilige Determinante oder alternativ die jeweilige Spur, d.h. Summe der einzelnen Hauptdiagonalelemente, an. Im Gegensatz zur Determinante als Produkt der Eigenwerte betreffender Matrizen ist die Spur die jeweilige Eigenwertsumme. Eigenwerte sind in Abschnitt 3.1 definiert.

Von Determinanten geht die gleichzeitige Messung interner Homogenität und externer Heterogenität durch Wilks´ Lambda aus. Diese Größe ist definiert als

$$\Lambda = |\mathbf{W}| / |\mathbf{T}| = 1/|\mathbf{I} + \mathbf{W}^{-1}\mathbf{B}|. \qquad \textbf{(2.6)}$$

In Gleichung (2.6) stehen senkrechte Striche für eine Determinantenbildung, **I** ~ (k,k) bezeichnet die Einheitsmatrix und $\mathbf{W}^{-1}$ ~ (k,k) die Inverse von **W**. Wilks´ Lambda stellt sich damit als Produkt von Eigenwerten der Matrix $(\mathbf{I} + \mathbf{W}^{-1}\mathbf{B})^{-1}$ dar.

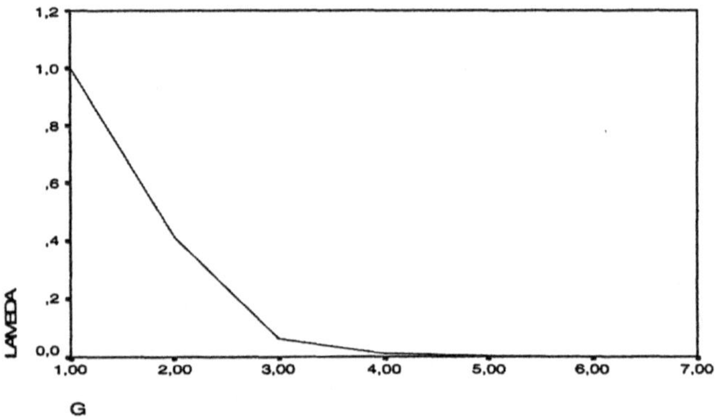

Abbildung 2.2: Lambda in Abhängigkeit von der Clusteranzahl g

Wird nun Wilks´ Lambda für verschiedene Clusteranzahlen ermittelt, kann daraus die Entscheidung für eine bestimmte Zahl von Clustern erwachsen. Definitionsgemäß sinkt Λ mit steigender Clusteranzahl g. Zeigt der fallende Polygonzug einer graphischen Darstellung von Λ in Abhängigkeit von g an bestimmter Stelle einen „Ellenbogen", so erscheint die zugehörige Clusteranzahl g als geeignet. Bei weiterer Erhöhung von g sinkt Λ nämlich nur noch langsam, so dass die gefundene Clusteranzahl als „kleine" Zahl mit einem „kleinen" Wert von Λ verbunden ist. Für das betrachtete Beispiel findet sich der Polygonzug aus *Abbildung 2.2*.

In SPSS lassen sich die für *Abbildung 2.2* benötigten Werte von Wilks´ Lambda über die Prozedur DISCRIMINANT (vgl. *Kapitel 6*) berechnen. Wie *Abbildung 2.2* zeigt, liegt der gesuchte „Ellenbogen“ bei g = 3 als festzulegender Anzahl von Clustern. Diese Zahl wird daher auch für die nachfolgende Clusterzentrenanalyse als Clusteranzahl vorgegeben.

Hinzuweisen bleibt hier auf die Tatsache, dass Dendrogramme wie in *Abbildung 2.1* nur für relativ kleine Objektanzahlen n übersichtlich erscheinen. Hierarchische Clusteranalysen werden daher in der Regel auch nur für kleine Objektanzahlen durchgeführt.

2.2 Clusterzentrenanalyse

ZIEL: Iterative Zuordnung der Objekte zu derjenigen von g Objektgruppen, zu deren Zentrum die größte Ähnlichkeit besteht.

DATEN: Matrix $\mathbf{X} = (x_{ij}) \sim (n,k)$ wie unter Abschnitt 2.1.

VORBEREITUNG: Eventuelle Standardisierung wie unter Abschnitt 2.1.

MODELL: Unähnlichkeitsmessung für Objekte mit der Nummer i und Clusterzentren mit der Nummer l über euklidische Distanzen, d.h. für Zeilenvektoren $\mathbf{x}_i' \sim (1,k)$ der Matrix $\mathbf{X}$ und $\overline{x}^{l\,\prime} \sim (1,k)$ als Zentrumsvektoren über

$$d_{il} = ((\mathbf{x}_i - \overline{x}^l)'(\mathbf{x}_i - \overline{x}^l))^{1/2} =$$

$$(\sum_{j=1}^{k}(x_{ij} - \overline{x}_j^l)^2)^{1/2} \quad \text{für } i=1,\ldots,n \text{ und } l=1,\ldots,g. \quad \mathbf{(2.7)}$$

VERFAHREN: Wahl von g Objekten als anfänglichen Zentren mit $\mathbf{x}_l'$, l = 1,...,g als Zentrumsvektoren.

Danach Vergleich der übrigen Objekte mit diesen Zentren. Dabei ersetzt im Regelfall ein Objekt eines der vorhandenen

Zentren dann, wenn die kleinste Distanz zwischen diesem Objekt und einem dieser Zentren größer ist als die Distanz zwischen den beiden bisher ähnlichsten Zentren. Von diesen wird das dem Objekt ähnlichere ersetzt. Im Ausnahmefall ersetzt ein Objekt das dazu ähnlichste vorhandene Zentrum dann, wenn die Distanz zu diesem Zentrum größer ist als die kleinste Distanz zwischen diesem Zentrum und allen anderen Zentren.

Anschließend Zuordnung der verbleibenden Objekte zu dem Cluster, zu dessen Zentrum die kleinste euklidische Distanz besteht.

Dann Beginn einer Iteration, d.h. Neuberechnung von Zentrumsvektoren als Mittelwertvektoren für die Beobachtungen des jeweils erhaltenen Clusters. Neuzuordnung aller Objekte usw., bis die erhaltenen Cluster sich nicht mehr verändern.

BEISPIEL: Gegeben sind wieder die Beobachtungen der k = 5 Variablen *leben*, *alpha*, *wasser*, *gesund* und *gewicht* für n = 18 amerikanische Länder aus *Tabelle 1.1* (vgl. Abschnitt 1.1.1). Gesucht ist eine Zuordnung dieser Länder zu einer von g = 3 intern homogenen und extern heterogenen Ländergruppen.

Nach vorheriger Standardisierung der einbezogenen Variablen benötigt die SPSS-Prozedur QUICK CLUSTER hier vier Iterationen, bis die erhaltene Clusterzuordnung stabil ist und das Iterationsverfahren demnach abbricht. Als anfängliche Zentren werden die Länder Haiti, Guatemala und Chile ausgewiesen. Am Ende stimmt die ausgewiesene Clusterzugehörigkeit verfahrensbedingt mit derjenigen in Abschnitt 2.1 überein. Haiti bildet damit weiterhin ein einelementiges Cluster.

INTERPRETATION: Im Unterschied zur Prozedur CLUSTER erlaubt die Prozedur QUICK CLUSTER eine testbezogene Überprüfung des erhaltenen Ausmaßes interner Homogenität und externer Heterogenität über einfache Varianzanalysen (vgl. *Kapitel 10*). Diese zeigen, dass es für die Erwartungswerte aller betrachteten Variablen auf dem Niveau von $\alpha = 0{,}01$ signifikante Unterschiede zwischen den erhaltenen Gruppen gibt.

Solche Unterschiede lassen sich z.B. für die Variablen *leben* und *alpha* in einem Streudiagramm verdeutlichen. So zeigt *Abbildung 2.3* die Clusterzugehörigkeit der n = 18 betrachteten Länder. Die einzelnen Cluster sind, erkennbar an den Fallnummern 1 bis 8, 9 bis 17 bzw. 18, deutlich voneinander getrennt. Entsprechende Streudiagramme ergeben sich auch für andere aus den k = 5 betrachteten Variablen ausgewählte Variablenpaare.

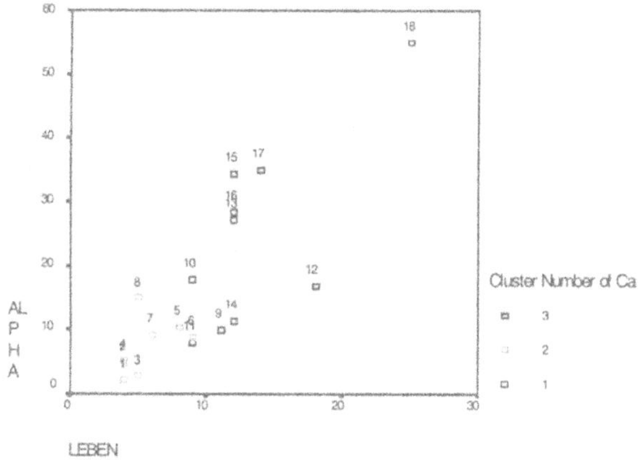

Abbildung 2.3: Clusterzugehörigkeit von n = 18 amerikanischen Ländern

Natürlich lassen sich Clusterzentrenanalysen auch für weit mehr als n = 18 Objekte durchführen.

2.3 Alternativen

Die in Abschnitt 2.1 und Abschnitt 2.2 vorgestellten Clusteranalysen sind objektbezogen und damit Q-Analysen. Die Unähnlichkeitsmessung erfolgt darin jeweils über euklidische Distanzen zwischen den betrachteten Objekten. Sollen Variablen statt Objekte gruppiert werden, bietet sich der gewöhnliche Korrelationskoeffizient - gegebenenfalls sein Betrag - zur Ähnlichkeitsmessung an. Eine Clusteranalyse kann als R-Analyse damit von folgendem Modell ausgehen:

MODELL: Ähnlichkeitsmessung für Variablen x_j und $x_{j'}$ über Korrelationskoeffizienten, d.h. für Spaltenvektoren $\mathbf{x}_j \sim (n,1)$ und $\mathbf{x}_{j'} \sim (n,1)$ der Matrix $\mathbf{X}$ über

$$r_{jj'} = (\mathbf{x}_j - \mathbf{1}\bar{x}_j)'(\mathbf{x}_{j'} - \mathbf{1}\bar{x}_{j'})/$$

$$(((\mathbf{x}_j - \mathbf{1}\bar{x}_j)'(\mathbf{x}_j - \mathbf{1}\bar{x}_j))^{1/2}((\mathbf{x}_{j'} - \mathbf{1}\bar{x}_{j'})'(\mathbf{x}_{j'} - \mathbf{1}\bar{x}_{j'}))^{1/2}) =$$

$$\frac{\sum_{i=1}^{n}(x_{ij} - \bar{x}_j)(x_{ij'} - \bar{x}_{j'})}{(\sum_{i=1}^{n}(x_{ij} - \bar{x}_j)^2)^{1/2}(\sum_{i=1}^{n}(x_{ij'} - \bar{x}_{j'})^2)^{1/2}}$$

für $j,j'=1,\ldots,k$. **(2.8)**

Da sich Korrelationen bei einer Variablenstandardisierung nicht verändern, erübrigt sich hier eine vorbereitende Standardisierung.

Was die Wahl des Analyseverfahrens betrifft, so sind Variablenzentren nicht wie Objektzentren interpretierbar. Es bietet sich also an, Clusteranalysen als R-Analysen nur hierarchisch durchzuführen. Das in Abschnitt 2.1 beschriebene Verfahren ist dann dahingehend zu modifizieren, dass die Variablen bzw. Variablengruppen mit der jeweils größten durchschnittlichen Korrelation - berechnet über Variablenpaare, deren Elemente aus unterschiedlichen Gruppen stammen - schrittweise fusionieren.

Wird entsprechend das Beispiel aus Abschnitt 2.1 wieder aufgenommen und eine agglomerative hierarchische Clusteranalyse der $k = 5$ Variablen *leben*, *alpha*, *wasser*, *gesund* und *gewicht* mit ihren $n = 18$ Beobachtungen für amerikanische Länder durchgeführt, ergibt sich das nachfolgende Dendrogramm.

```
CASE          0         5        10        15        20        25
Label Num     +---------+---------+---------+---------+---------+

leben     1   -+----------------------+
wasser    3   -+                      +-------------------------+
alpha     2   -------+----------------+                         I
gewicht   5   -------+                                          I
gesund    4   --------------------------------------------------+
```

Abbildung 2.4: Dendrogramm der Variablenagglomeration

In *Abbildung 2.4* finden sich reskalierte Distanzen ausgehend von der Korrelationsmatrix der untersuchten Variablen, hier nur für die genannten n = 18 Beobachtungen berechnet. So erfolgt zuerst die Fusion der Variablen *leben* und *wasser*, weil diese beiden Variablen die höchste vorkommende Korrelation aufweisen (vgl. auch *Tabelle 1.2* in Abschnitt 1.1.3). Wird wieder die Clusteranzahl g = 3 gewählt, zeigt sich die Variable *gesund* in einem einelementigen Cluster und damit heterogen im Vergleich zu den anderen beiden jeweils Variablenpaare umfassenden Clustern.

Während das betrachtete Beispiel Eigenschaftsdaten nutzt, sind Clusteranalysen auch ausgehend von Präferenzdaten möglich. So lassen sich die k = 5 Variablen *leben*, *alpha*, *wasser*, *gesund* und *gewicht* in *Tabelle 1.1* (vgl. Abschnitt 1.1.1) durch Rangvariablen mit Werten von jeweils 1 bis n ersetzen. Werden Rangvariablen als quantitativ aufgefasst, liegt mit deren Beobachtungen als Elementen eine Datenmatrix vor, wie sie für hierarchische Clusteranalysen oder Clusterzentrenanalysen benötigt wird. Die in Abschnitt 2.1 bzw. Abschnitt 2.2 vorgestellten Verfahren sind danach analog anzuwenden. Für R-Analysen ergibt sich insbesondere die Ähnlichkeitsmessung zwischen Rangvariablen über den Rangkorrelationskoeffizienten nach Spearman.

Alternativ zum Korrelationskoeffizienten kann die Ähnlichkeitsmessung für Variablen x_j und $x_{j'}$ auch jeweils über den Kosinus des von den zugehörigen Spaltenvektoren $\mathbf{x}_j \sim (n,1)$ und $\mathbf{x}_{j'} \sim (n,1)$ im Beobachtungsraum aufgespannten Winkels α erfolgen. Es gilt

$$\cos\alpha = \mathbf{x_j}'\mathbf{x_{j'}}/(\,|\,\mathbf{x_j}\,|\,|\,\mathbf{x_{j'}}\,|\,) =$$

$$\sum_{i=1}^{n} x_{ij}x_{ij'} /((\sum_{i=1}^{n} x_{ij}^2)^{1/2}(\sum_{i=1}^{n} x_{ij'}^2)^{1/2}). \qquad \textbf{(2.9)}$$

Hier ist zu beachten, dass Korrelation und Kosinus bei zentrierten Variablen notwendig übereinstimmen.

Entsprechend gibt es auch bei Q-Analysen zur euklidischen Distanz alternative Distanzmodelle. So findet sich die euklidische Distanz als Spezialfall der sogenannten Minkowski-Metrik, die für Zeilenvektoren $\mathbf{x_i}' \sim (1,k)$ und $\mathbf{x_{i'}}' \sim (1,k)$ definiert ist als

$$d_{ii'} = (\sum_{j=1}^{k} \left| x_{ij} - x_{i'j} \right|^{r})^{1/r}. \qquad \textbf{(2.10)}$$

In Gleichung (2.10) liefert $r = 1$ die sogenannte „city-block"-Distanz.

Natürlich lässt sich auch das in Abschnitt 2.1 und analog oben eingeführte Fusionsverfahren „average linkage between groups" durch Alternativen ersetzen. Bekannt sind vor allem das „single linkage"- und das „complete linkage"-Verfahren. In ersterem werden diejenigen Objekte bzw. Objektgruppen als am ähnlichsten aufgefasst, bei denen unter allen möglichen Distanzen zwischen Objekten mit Nummern i und i′, $i \neq i'$ aus verschiedenen Objektgruppen, eine einzelne Distanz $d_{ii'}$ minimal ausfällt. Im zweiten gilt entsprechendes für das Minimum maximaler Distanzen. Eine weitere Alternative, das Zentroid-Verfahren, vergleicht die Distanz von Clusterzentren der verschiedenen Cluster. Naturgemäß fusionieren dann die Cluster mit der geringsten Distanz zwischen ihren Zentren. Schließlich ist das Verfahren von Ward zu erwähnen, bei dem zuerst in jeder Objektgruppe getrennt die Distanzen zwischen einzelnen Objekten und dem Clusterzentrum berechnet und addiert werden. Eine Fusion erfolgt dann jeweils für die beiden Objektgruppen, die mit dieser Fusion eine minimale Erhöhung der Summe aller solcher internen Distanzen liefern. Das Verfahren von Ward orientiert sich damit an der Spur der Matrix **W** aus Gleichung (2.4) in Abschnitt 2.1 und damit an internen Streuungen.

Werden die genannten Verfahren bei euklidischer Distanzmessung auf das Beispiel aus Abschnitt 2.1 angewandt, zeigt sich folgendes Ergebnis: Der „complete linkage"- und der Ward-Ansatz führen bei g = 3 als vorgebener Clusteranzahl auf die dort dokumentierte Ländergruppierung. Der „single linkage"-Ansatz führt dagegen definitionsgemäß zu einer „Verkettung" von ansonsten extern heterogenen Clustern. Im Ergebnis bleibt das zweielementige Cluster der Länder Honduras und Guatemala neben dem einelementigen mit Haiti erhalten. Beim Centroid-Verfahren bildet Guatemala schließlich sogar ein einelementiges Cluster.

Hinzuweisen bleibt auf die Tatsache, dass hierarchische Clusteranalysen auch divisiv, d.h. durch Partitionierung ausgehend von einem einzigen Cluster, erfolgen können.

Kapitel 3: Hauptkomponentenanalyse

Hauptkomponentenanalysen sind Analysen, über die die Variablenzahl eines Datensatzes geeignet reduziert werden kann. Insoweit zeigen sich Hauptkomponentenanalysen vorrangig als R-Analysen, also variablenbezogen. Nach erfolgter Reduktion auf nur noch zwei oder drei transformierte Variablen kann am Ende einer Hauptkomponentenanalyse aber auch eine Objektrepräsentation stehen. Die Repräsentationsgüte hängt dabei vom mit der Reduktion verbundenen Informationsverlust ab.

Hauptkomponentenanalysen erfordern Beobachtungen quantitativer Variablen. In der Regel werden Eigenschaftsdaten vorausgesetzt. Entsprechend arbeitet die nachfolgende Vorstellung einer Hauptkomponentenanalyse mit diesem Datentyp. Anschließend erfolgt die Übertragung auf Präferenzdaten.

3.1 Hauptkomponentenanalyse von Eigenschaftsvariablen

ZIEL: Aggregation der Variablen zu Hauptkomponenten.

DATEN: Matrix $\mathbf{X} = (x_{ij}) \sim (n,k)$ mit $n \geq k$ und Rang($\mathbf{X}$) = $p \leq k$, Zeilenvektoren $\mathbf{x}_i' \sim (1,k)$ für $i = 1,...,n$ bezogen auf n Objekte, Spaltenvektoren $\mathbf{x}_j \sim (n,1)$ für $j = 1,...,k$ bezogen auf k quantitative Eigenschaftsvariablen x_j, $j = 1,...,k$.

VORBEREITUNG: <u>Zentrierung</u> der Datenmatrix $\mathbf{X}$ vor Verfahrensbeginn. Dabei werden die Spaltenvektoren $\mathbf{x}_j$ ersetzt durch $\mathbf{x}_j^z = \mathbf{x}_j - \bar{x}_j \mathbf{1}$ für $j = 1,...,k$ mit $\bar{x}_j$ als arithmetischem Mittel sowie $\mathbf{1} \sim (n,1)$ als Einsvektor. Im Ergebnis findet sich mit $\bar{x}_j^z = 0$ ein einheitliches arithmetisches Mittel für jede der zentrierten Variablen x_j^z, $j = 1,...,k$. Deren Werte bilden Elemente einer Matrix $\mathbf{X}^z = (x_{ij}^z) \sim (n,k)$, in die die Matrix $\mathbf{X}$ in Folge der Zentrierung übergeht. Mit $\bar{x}' = (\bar{x}_1 ... \bar{x}_k) \sim (1,k)$ als Mittelwertvektor lässt sich eine Zentrierung in der Form

$$\mathbf{X}^z = \mathbf{X} - \mathbf{1}\bar{x}' = (\mathbf{I} - \mathbf{1}\mathbf{1}'/n)\mathbf{X} =$$

$$(x_{ij} - \bar{x}_j) \sim (n,k) \qquad \textbf{(3.1)}$$

schreiben. Dabei steht $\mathbf{I} \sim (n,n)$ für die n-reihige Einheitsmatrix.

Eventuell weitergehende Standardisierung gemäß Gleichung (2.1) in Abschnitt 2.1.

MODELL: Skalarproduktansatz für Variablen x_j, d.h. für Spaltenvektoren $\mathbf{x}_j$ der Matrix $\mathbf{X}$

$$\mathbf{x}_j = \mathbf{Y}\mathbf{n}_j = (\sum_{l=1}^{p} y_{il} n_{jl}) \sim (n,1) \text{ für } j = 1,...,k \qquad \textbf{(3.2)}$$

mit $\mathbf{Y} = (y_{il}) \sim (n,p)$, $\mathbf{N} = (n_{jl}) \sim (k,p)$ orthogonal, d.h. $\mathbf{N}'\mathbf{N} = \mathbf{I} \sim (p,p)$.

Hinweis: Die Orthogonalität von $\mathbf{N}$ führt für Variablen y_l, d.h. für Spaltenvektoren $\mathbf{y}_l$ der Matrix $\mathbf{Y}$ auf

$$\mathbf{y}_l = \mathbf{X}\mathbf{n}_l = (\sum_{j=1}^{k} x_{ij} n_{jl}) \sim (n,1) \text{ für } l = 1,...,p. \qquad \textbf{(3.3)}$$

Nach Gleichung (3.3) sind die Spaltenvektoren $\mathbf{y}_l$ Linearkombinationen der Spaltenvektoren $\mathbf{x}_j$. Im rechtwinkligen Koordinatensystem der Variablen x_j, d.h. im von diesen Variablen aufgespannten Variablenraum, geben die Spaltenvektoren $\mathbf{n}_l \sim (k,1)$ die Richtung von y_l-Achsen an. Diese Achsen stehen jeweils senkrecht aufeinander und ergeben sich über eine rechtwinklige Rotation des Koordinatensystems der

Variablen x_j. Für k = p = 2 findet sich z.B. mit $\mathbf{N} = \begin{pmatrix} \cos\beta & -\sin\beta \\ \sin\beta & \cos\beta \end{pmatrix}$ eine Rotation um den Winkel β.

Die Zeilenvektoren $\mathbf{x_i}'$ der Matrix $\mathbf{X}$ liefern im von den Variablen x_j aufgespannten Raum Koordinaten für eine Objektrepräsentation. Werden solche Repräsentationen auf die y_l-Achse projiziert, ergeben sich Elemente y_{il} über Gleichung (3.3).

VERFAHREN: Transformation der zentrierten Variablen x_j^z, d.h. der zugehörigen Spaltenvektoren $\mathbf{x_j^z}$, j = 1,...,k gemäß Gleichung (3.3). Die Werte der Hauptkomponenten genannten transformierten Variablen y_l, d.h. ihre zugehörigen Spaltenvektoren $\mathbf{y_l}$, werden danach über

$$\mathbf{y_l} = \mathbf{X^z n_l} = (\sum_{j=1}^{k} x_{ij}^z n_{jl}) \sim (n,1) \text{ für } l = 1,...,p \qquad \textbf{(3.4)}$$

berechnet. Für $\mathbf{n_l} \sim (k,1)$ ist dabei der zum positiven Eigenwert λ_l^2, l = 1,...,p gehörende Eigenvektor der Varianzkovarianzmatrix

$$\mathbf{S} = \mathbf{X^{z\prime} X^z}/(n-1) = \mathbf{N D_\lambda^2 N'} =$$

$$\sum_{l=1}^{p} \lambda_l^2 \, \mathbf{n_l n_l}' \sim (k,k) \qquad \textbf{(3.5)}$$

der Variablen x_j^z, j = 1,...,k einzusetzen. Gleichung (3.5) zeigt die entsprechende Eigenwertzerlegung von $\mathbf{S}$ mit $\mathbf{D_\lambda^2}$ = diag $(\lambda_1^2,...,\lambda_p^2) \sim (p,p)$ als Diagonalmatrix der Eigenwerte $\lambda_1^2 \geq ... \geq \lambda_p^2 > 0$.

Hinweise: Es gilt $\mathbf{S} = \mathbf{T}/(n-1)$ mit $\mathbf{T} \sim (k,k)$ aus Gleichung (2.3) in Abschnitt 2.1.

Eigenwerte λ_j^2, j = 1,...,k und zugehörige Eigenvektoren $\mathbf{n}_j$ sind für die Matrix **S** durch das Eigenwertproblem $\mathbf{Sn} = \lambda^2\mathbf{n}$ definiert. Eigenwerte ergeben sich als Lösungen $\lambda^2 = \lambda_j^2$ von $|\mathbf{S} - \lambda^2\mathbf{I}| = 0$, also einer Determinantengleichung. Die zugehörigen Eigenvektoren $\mathbf{n} = \mathbf{n}_j$ sind vom Nullvektor verschiedene Lösungen des linearen Gleichungssystems $(\mathbf{S} - \lambda_j^2\mathbf{I})\mathbf{n}_j = \mathbf{0} \sim (k,1)$. Eigenvektoren sind damit bis auf das Vorzeichen eindeutig bestimmt.

BEISPIEL: Gegeben sind wieder die n = 77 Beobachtungen der k = 5 Variablen *leben*, *alpha*, *wasser*, *gesund* und *gewicht* aus *Tabelle 1.1* (vgl. Abschnitt 1.1.1). Gesucht ist eine Aggregation der Variablen zu, eine Reduktion der Variablenzahl auf eine geeignete Anzahl von Hauptkomponenten.

Die Prozedur FACTOR von SPSS liefert nach vorheriger Standardisierung der betrachteten Datenmatrix die folgende Eigenwertstruktur:

Tabelle 3.1: Eigenwerte der Korrelationsmatrix **R** für k = 5 Variablen

	Initial Eigenval ues			Extraction Sums of Squared Loadings		
Compo nent	Total	% of Variance	Cumulative %	Total	% of Variance	Cumulative %
1	3,028	60,556	60,556	3,028	60,556	60,556
2	0,686	13,715	74,271			
3	0,593	11,866	86,137			
4	0,493	9,869	96,006			
5	0,200	3,994	100,000			

Tabelle 3.1 zeigt das Ergebnis der Eigenwertberechnung für die Varianzkovarianzmatrix **S** der einbezogenen Variablen. Wegen der vorangegangenen Standardisierung ist **S** identisch mit der Korrelationsmatrix **R** dieser Variablen in *Tabelle 1.2*

(vgl. Abschnitt 1.1.3). Die Summe der ausgewiesenen Eigenwerte beläuft sich damit auf k = 5 als Varianzsumme, d.h. als Summe der Hauptdiagonalelemente von **R**. Nach *Tabelle 3.1* macht der größte berechnete Eigenwert $\lambda_1^2 = 3{,}028$ über 60% dieser Varianzsumme aus. Dieser Eigenwert ist der einzige Eigenwert größer gleich eins. Er ist in *Tabelle 3.1* der ersten Hauptkomponente, d.h. der Variable y_1 zugeordnet. Die Werte dieser Hauptkomponente hängen von den Elementen der Komponentenmatrix aus *Tabelle 3.2* ab.

Tabelle 3.2: Komponentenvektor der ersten Hauptkomponente

Component Matrix

	Component
	1
leben	,878
alpha	,751
wasser	,787
gesund	,720
gewicht	,746

Bei nur einer betrachteten Hauptkomponente reduziert sich die Komponentenmatrix in *Tabelle 3.2* auf einen einzigen Vektor. Dieser Vektor ist proportional zu dem zum Eigenwert λ_1^2 gehörenden Eigenvektor $\mathbf{n}_1$. Als Proportionalitätskonstante findet sich λ_1, d.h. die positive Quadratwurzel von λ_1^2. Werden die Elemente des Komponentenvektors, auch Ladungen genannt, also quadriert und aufsummiert, ergibt sich – wie in *Tabelle 3.1* ausgewiesen – gerade wieder der Eigenwert λ_1^2.

Mit $\mathbf{n}_1$ als gefundenem Eigenvektor können schließlich über Gleichung (3.4) die Elemente des Vektors $\mathbf{y}_1$, also die Werte der Hauptkomponente y_1 ermittelt werden. In SPSS lassen sich diese n = 77 Werte - allerdings nur nach Division durch λ_1 - im Dateneditor neben den jeweiligen Werten der k = 5 untersuchten Variablen anzeigen. Auf einen entsprechenden Ausdruck kann an dieser Stelle verzichtet werden. Hingewiesen werden soll aber hier auf die Tatsache, dass y_1 nach Gleichung (3.4) notwendig zentriert ist.

INTERPRETATION: Die Interpretation der Ergebnisse einer Hauptkomponentenanalyse und damit des betrachteten Beispiels ist vorrangig eine Interpretation der erhaltenen Hauptkomponenten. Aus dieser Interpretation ergibt sich die bei Reduktionen verbleibende Variablenzahl und der mit der jeweiligen Reduktion verbundene Informationsverlust.

Wesentliche Schlussfolgerungen liefert eine Varianzbetrachtung. So gilt für die Hauptkomponente y_l nach den Modellannahmen und Gleichung (3.4) sowie (3.5):

$$s_{y_l}^2 = \mathbf{y}_l'\mathbf{y}_l/(n-1) = \mathbf{n}_l'\mathbf{S}\mathbf{n}_l = \lambda_l^2 \text{ für } l = 1,...,p. \qquad \textbf{(3.6)}$$

Die Varianz von y_l ist gleich dem Eigenwert λ_l^2. Die Varianzsumme der untersuchten Variablen x_j, j = 1,...,k wird also im Rahmen der Analyse auf die Hauptkomponenten y_l, l = 1,...,p verteilt. Dabei erhält zuerst die Variable y_1 die maximal mögliche Varianz. Diese Tatsache lässt sich leicht nachweisen, indem für den Vektor $\mathbf{n}_1$ in Gleichung (3.4) eine Linearkombination der p Eigenvektoren $\mathbf{n}_l$ aus Gleichung (3.5) angesetzt wird. Die Varianz von y_1 stellt sich dann als maximal heraus, wenn $\mathbf{n}_1$ der Eigenvektor zum Eigenwert λ_1^2 ist. Vgl. dazu Mardia et al. (1979, S. 215f).

Im Raum der Variablen x_j^z, j = 1,...,k definiert der Eigenvektor $\mathbf{n}_1$ damit die Richtung der y_1-Achse als erster Hauptachse wie folgt: Diese Achse wird dergestalt in das Koordinatensystem des betrachteten Raumes gelegt, dass die Projektionen der Objektrepräsentationen darauf varianzmaximal ausfallen.

Beginnend mit y_1 ergibt sich somit die Möglichkeit, Hauptkomponenten und ihre Werte schrittweise einzuführen. Z.B. steht nach Abzug von λ_1^2 noch eine restliche Varianzsumme zur Verteilung auf weitere Hauptkomponenten an. Von diesem Rest erhält zuerst die Hauptkomponente y_2 den maximal möglichen Teil. Dieser beläuft sich nach Gleichung (3.6) auf λ_2^2. Der zugehörige Eigenvektor $\mathbf{n_2}$ definiert dann im Variablenraum der x_j^z die Richtung einer zweiten – zur ersten rechtwinkligen – Hauptachse. Projektionen der Objektrepräsentationen auf diese Achse liefern schließlich die Elemente des Vektors $\mathbf{y_2}$.

Nach p Schritten ist dann die gesamte Varianzsumme verteilt. Alle gesuchten Hauptkomponenten sind gefunden. Die zugehörigen Hauptachsen werden durch Elemente der Matrix **N** aus Gleichung (3.5) bestimmt. Diese Matrix heißt demnach auch Hauptachsenmatrix. Die jeweiligen Hauptkomponenten sind definitionsgemäß unkorreliert, d.h. nach Modellannahmen und Gleichung (3.4) sowie (3.5) gilt

$$s_{y_l y_{l'}} = \mathbf{y_l}'\mathbf{y_{l'}}/(n-1) = 0 \text{ für } l \neq l' = 1,\ldots,p. \qquad \mathbf{(3.7)}$$

Werte der Hauptkomponenten y_l lassen sich in der Matrix $\mathbf{Y} \sim (n,p)$ zusammenfassen. Diese Matrix enthält in den Zeilen Koordinaten für eine Objektrepräsentation im Variablenraum der Hauptkomponenten. Die Elemente von **Y** heißen daher auch Hauptkoordinaten.

Zur Interpretation der erhaltenen Hauptkomponenten bietet es sich an, ihre Korrelation mit den untersuchten Eigenschaftsvariablen heranzuziehen. Zwischen der Eigenschaftsvariable x_j und der Hauptkomponente y_l findet sich - wiederum mit Bezug auf Modellannahmen und Gleichung (3.4) sowie (3.5) - die Kovarianz

$$s_{x_j y_l} = \mathbf{x_j}^{z\prime}\mathbf{y_l}/(n-1) = \mathbf{x_j}^{z\prime}\mathbf{X}^z\mathbf{n_l}/(n-1) = n_{jl}\lambda_l^2. \qquad \mathbf{(3.8)}$$

Mit der Varianz von y_l nach Gleichung (3.6) ergibt sich aus Gleichung (3.8) die Korrelation

$$r_{x_j y_l} = n_{jl}\lambda_l / s_{x_j} \quad \text{für } j = 1,\ldots,k \text{ und } l = 1,\ldots,p. \qquad \mathbf{(3.9)}$$

Bei standardisierten Variablen findet sich als Korrelation zwischen der Eigenschaftsvariable x_j und der Hauptkomponente y_l demnach gerade das Element $n_{jl}\lambda_l$ der oben eingeführten Komponentenmatrix.

Im betrachteten Beispiel sind die Elemente des Komponentenvektors aus *Tabelle 3.2* durchweg hohe positive Korrelationen. Die Hauptkomponente y_1 erklärt damit große Anteile an den Varianzen der Variablen *leben* bis *gewicht*. Es sei daran erinnert, dass sich bei einfachen linearen Regressionen das Bestimmtheitsmaß als Quadrat des jeweiligen Korrelationskoeffizienten zwischen abhängiger und unabhängiger Variable ergibt. Die einzelnen Bestimmtheitsmaße addieren sich im Beispiel dann definitionsgemäß zum Eigenwert λ_1^2.

Werden statt einer die ersten g Hauptkomponenten betrachtet, ist der insgesamt durch diese erklärte Anteil an der Varianz $s_{x_j}^2$ als Summe der Quadrate der Korrelationen $r_{x_j y_l}$ aus Gleichung (3.9) für $l = 1,...,g$ zu ermitteln. Gleichung (3.7) bietet die Grundlage für diese einfache Berechnung. Naturgemäß liegen die erklärten Anteile immer dann bei 100%, wenn $g = p$ und damit als Rang der untersuchten Datenmatrix gewählt wird.

Für $g < p$ sind dagegen Varianz-, d.h. Informationsverluste beim Übergang auf Hauptkomponenten als transformierte Eigenschaftsvariablen zu verzeichnen. Die Höhe dieser Verluste kann varianzbezogen, d.h. hier bezogen auf Eigenwertanteile, erfasst werden. Der Informationsverlust bei einer Reduktion der Anzahl k untersuchter Variablen x_j auf $g < p \leq k$ Hauptkomponenten y_l bemisst sich danach auf den Anteil der $p - g$ kleinsten an der Summe aller Eigenwerte λ_l^2.

Sind wie im betrachteten Beispiel $p = k = 5$ standardisierte Variablen zu nur $g = 1$ Hauptkomponente aggregiert, liegt der entsprechende Informationsverlust nach *Tabelle 3.1* bei

$(\lambda_2^2+...+\lambda_p^2)/p$ = 39,444%. Die Repräsentation der n = 77 betrachteten Länder auf der einzigen Hauptachse, d.h. über Werte der Hauptkomponente y_1, muss ungenau erscheinen, wenn bei der Projektion des ursprünglich k = 5-dimensionalen Variablenraumes auf diese Achse nur gut 60% der Gesamtvarianz erhalten bleibt. Trotzdem ist für das Beispiel die Zahl g = 1 als Anzahl extrahierter Hauptkomponenten wohlbegründet.

So sollten bei der Analyse standardisierter Variablen zumindest so viele Hauptkomponenten extrahiert werden wie sich Eigenwerte größer gleich eins finden. Schließlich besitzen standardisierte Variablen eine Varianz von eins und dieses Ergebnis sollte bei einer Verteilung der Varianzsumme auf Hauptkomponenten zumindest erreicht werden. Danach sind bei einer Reduktion der Anzahl betrachteter Variablen nur Hauptkomponenten y_l mit $\lambda_l^2 < 1$ auszublenden.

Wird eine Hauptkomponentenanalyse mit nicht standardisierten Variablen durchgeführt, lässt sich die geeignete Zahl g verbleibender Hauptkomponenten graphisch ermitteln. In Analogie zu *Abbildung 2.2* (vgl. Abschnitt 2.1) können die Eigenwerte λ_l^2 abhängig von l aufgetragen werden. Die Stelle, an der der zugehörige fallende Polygonzug einen „Ellenbogen“ aufweist, definiert dann das geeignete g.

Erfolgt die entsprechende Umsetzung für die Eigenwerte aus *Tabelle 3.1*, ergibt sich g = 2. Dies entspricht einem zu tolerierenden Informationsverlust von ca. 25%, erklären die ersten beiden Hauptkomponenten im Beispiel doch über 74% der zu verteilenden Varianzsumme. Für g = 2 ergibt sich damit die Möglichkeit einer Objektrepräsentation durch Punkte im von den ersten beiden Hauptachsen aufgespannten Koordinatensystem. *Abbildung 3.1* zeigt diese Repräsentation, und zwar - analog zu *Abbildung 1.4* (vgl. Abschnitt 1.3.1) - regionsspezifisch.

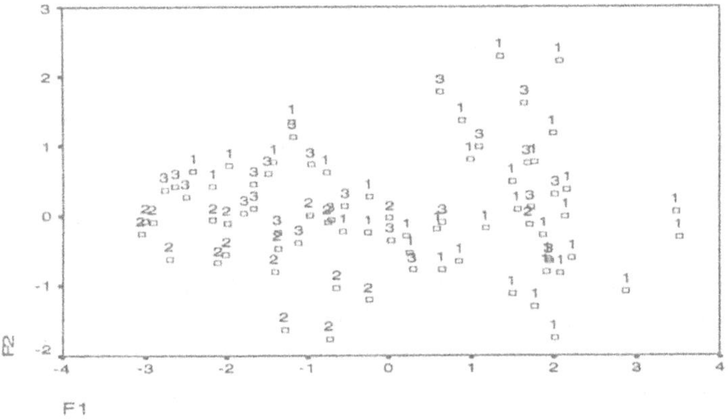

Abbildung 3.1: Streudiagramm der ersten beiden variablenbezogenen Hauptkomponenten

Natürlich kann auf der Basis der Punktabstände zwischen Länderrepräsentationen in *Abbildung 3.1* wiederum eine Clusteranalyse dieser Länder erfolgen. Dabei ist allerdings der durch die Reduktion auf nur g = 2 Hauptkomponenten entstandene Informationsverlust zu berücksichtigen.

Hinzuweisen bleibt noch auf die Möglichkeit, *Abbildung 3.1* durch eine Vektorrepräsentation der untersuchten Eigenschaftsvariablen x_j zu erweitern. Die jeweiligen Koordinaten für eine solche Repräsentation finden sich als jeweils erste zwei Elemente in den Zeilen der von Eigenvektoren $\mathbf{n}_l$ nach Gleichung (3.5) gebildeten Matrix **N**. Dabei ist zu beachten, dass die betreffenden Zeilenvektoren $\mathbf{n}_j'$ im von den Hauptachsen bzw. Hauptkomponenten y_l aufgespannten Variablenraum gerade die Richtung der x_j-Achsen angeben.

3.2 Alternativen

Da Hauptkomponentenanalysen in der Regel mit Eigenschaftsdaten arbeiten, ist ihre Anwendung auf Präferenzdaten eher selten. Charakteristisch für solche Anwendungen ist aber wieder eine Hauptkomponentenanalyse als R-Analyse. Dabei sind dann die Präferenzvariablen der Versuchspersonen zu Hauptkomponenten zu aggregieren. Bei nur noch zwei oder drei solcher transformierten Präferenzvariablen ergibt sich somit die Möglichkeit einer Repräsentation der geordneten Merkmalträger bzw. Objekte im von den jeweiligen Hauptachsen aufgespannten Koordinatensystem. Werden diese Repräsentationen z.B. auf die erste Hauptachse projiziert, spiegeln die zugehörigen Werte der ersten Hauptkomponente die bezüglich dieser Komponente erhaltene Reihenfolge von Merkmalträgern wieder.

Zur Illustration können als Präferenzdaten die Rangfolgen von Werten der k = 5 Variablen *leben* bis *gewicht* aus *Tabelle 1.1* (vgl. Abschnitt 1.1.1) dienen. Nach vorheriger Variablenstandardisierung liefert die Hauptkomponentenanalyse der betreffenden Präferenzvariablen eine erste Hauptkomponente, die 63,391% der zu verteilenden Varianzsumme von p = k = 5 erklärt. Diese Hauptkomponente ist die einzige zu extrahierende Hauptkomponente mit einem Eigenwert größer gleich eins. Werden die Ränge der Werte dieser Hauptkomponente mit den entsprechenden Rängen für die Variable *hpi*, den Index für menschliche Armut, verglichen, zeigt sich eine Korrelation von r = 0,921. Die erste Hauptkomponente bietet damit eine Alternative zur Variable *hpi*, wenn es darum geht, verschiedene Armutsindikatoren zu einem Index zu aggregieren. Diese Aussage gilt natürlich entsprechend für das Beispiel in Abschnitt 3.1. Die Korrelation zwischen der dort aus Eigenschaftsvariablen extrahierten ersten Hauptkomponente und der Variable *hpi* liegt bei r = 0,934.

Offensichtlich können Hauptkomponentenanalysen auch als Q-Analysen, d.h. mit einer Aggregation von Merkmalträgern bzw. Objekten zu Hauptkomponenten durchgeführt werden. Die Aggregation zu zwei oder drei solcher Komponenten bietet dann eine Repräsentationsmöglichkeit für die untersuchten Eigenschafts- oder Präferenzvariablen. In

SPSS ist die jeweilige Datenmatrix vor einer derartigen Q-Analyse zu transponieren.

Werden demgemäß als Objekte die bereits in *Kapitel 2* untersuchten n = 18 amerikanischen Länder nach vorhergehender Standardisierung der Variablen *leben* bis *gewicht* zu g = 2 Hauptkomponenten aggregiert, findet sich die Variablenrepräsentation aus *Abbildung 3.2*.

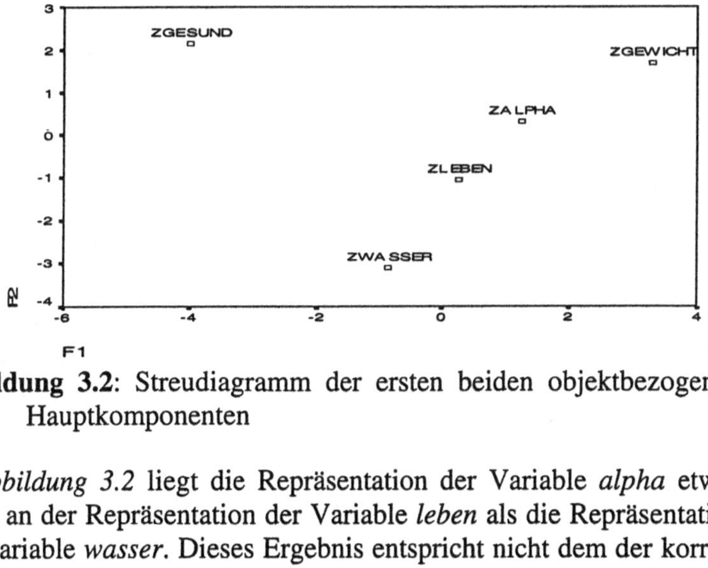

Abbildung 3.2: Streudiagramm der ersten beiden objektbezogenen Hauptkomponenten

In *Abbildung 3.2* liegt die Repräsentation der Variable *alpha* etwas näher an der Repräsentation der Variable *leben* als die Repräsentation der Variable *wasser*. Dieses Ergebnis entspricht nicht dem der korrespondierenden hierarchischen Clusteranalyse aus *Abbildung 2.4* (vgl. Abschnitt 2.3). Ursächlich für diesen Unterschied ist die Tatsache, dass hier nicht standardisierte Variablen, sondern nicht standardisierte Objekte nach vorheriger Variablenstandardisierung aggregiert werden. Anzumerken bleibt, dass die beiden Hauptkomponenten aus *Abbildung 3.2* 82,263% der zu verteilenden Varianzsumme erklären.

Exkurs A: Korrespondenzanalyse

Korrespondenzanalysen sind verallgemeinerte Hauptkomponentenanalysen, die bei zweidimensionalen Kontingenztabellen ansetzen. Da von den beiden Merkmalen einer solchen Kontingenztabelle zumindest eines qualitativ ist, muss jede Korrespondenzanalyse mit einer geeigneten Quantifizierung beginnen. Die dadurch erhaltenen Profilvariablen können wie Eigenschaftsvariablen zu Hauptkomponenten aggregiert werden. Nach einer Reduktion auf nur noch zwei oder drei Hauptkomponenten besteht dann die Möglichkeit einer Repräsentation von Zeilen- bzw. Spaltenprofilen.

ZIEL: Aggregation von Profilvariablen zu Hauptkomponenten.

DATEN: Kontingenztabelle $\mathbf{X} = (x_{ij}) \sim (n,k)$, Elemente absolute Häufigkeiten, Rang($\mathbf{X}$) = p+1 $\leq$ min(k,n), Zeilenvektoren $\mathbf{x}_i' \sim (1,k)$ für i = 1,...,n bezogen auf Werte eines Merkmals x^r, Spaltenvektoren $\mathbf{x}_j \sim (n,1)$ für j = 1,...,k bezogen auf Werte eines Merkmals x^c.

VORBEREITUNG: Normierung der Kontingenztabelle **X**, Bildung von Profilmatrizen, Zentrierung und Gewichtung vor Verfahrensbeginn.

Dabei wird zuerst die gegebene Kontingenztabelle **X** über

$$\mathbf{P} = \mathbf{X}/\mathbf{1}_n'\mathbf{X}\mathbf{1}_k = (p_{ij}) \sim (n,k) \qquad \textbf{(A1)}$$

in eine Korrespondenzmatrix **P** überführt. In Gleichung (A1) bezeichnen $\mathbf{1}_n \sim (n,1)$ und $\mathbf{1}_k \sim (k,1)$ geeignet dimensionierte Einsvektoren. Als Folge gilt $\mathbf{1}_n'\mathbf{P}\mathbf{1}_k = 1$, d.h. die Elemente der Korrespondenzmatrix addieren sich zu eins. Mit $\mathbf{r} = \mathbf{P}\mathbf{1}_k = (r_i) \sim (n,1)$ als Zeilen- und $\mathbf{c} = \mathbf{P}'\mathbf{1}_n = (c_j) \sim (k,1)$ als Spaltensummenvektor von **P** lassen sich dann Matrizen **R** von Zeilen- und **C** von Spaltenprofilen wie folgt definieren:

$$\mathbf{R} = \mathbf{P}'\mathbf{D}_r^{-1} = (r_{ji}) \sim (k,n),$$

$$\mathbf{C} = \mathbf{P}\mathbf{D}_c^{-1} = (c_{ij}) \sim (n,k). \qquad \textbf{(A2)}$$

In Gleichung (A2) stehen $\mathbf{D}_r^{-1}$ bzw. $\mathbf{D}_c^{-1}$ für die Inversen der Diagonalmatrizen $\mathbf{D}_r \sim (n,n)$ bzw. $\mathbf{D}_c \sim (k,k)$ mit den Elementen von **r** bzw. **c** auf der jeweiligen Hauptdiagonale. Definitionsgemäß sind die Zeilenprofile $\mathbf{r}_i \sim (k,1)$ in den n Spalten der Matrix **R** sowie die Spaltenprofile $\mathbf{c}_j \sim (n,1)$ in den k Spalten der Matrix **C** Vektoren bedingter relativer Häufigkeiten. Die zugehörigen Variablen r_i, $i = 1,...,n$ sowie c_j, $j = 1,...,k$ werden Zeilen- bzw. Spaltenprofilvariablen genannt.

Ihre Zentrierung und damit die Zentrierung der Profilmatrizen **R** und **C** erfolgt gewichtet. Definitionsgemäß gilt $\mathbf{Rr} = \mathbf{c}$ und $\mathbf{Cc} = \mathbf{r}$. Damit sind die Matrizen

$$\mathbf{R}^z = \mathbf{R} - \mathbf{c}\mathbf{1}_n' = (r_{ji} - c_j) \sim (k,n),$$

$$\mathbf{C}^z = \mathbf{C} - \mathbf{r}\mathbf{1}_k' = (c_{ij} - r_i) \sim (n,k) \qquad \textbf{(A3)}$$

spaltenzentriert. Die zentrierten Zeilen- bzw. Spaltenprofilvariablen r_i^z bzw. c_j^z mit Spaltenvektoren $\mathbf{r}_i^z = \mathbf{r}_i - \mathbf{c} \sim (k,1)$, $i = 1,...,n$ sowie $\mathbf{c}_j^z = \mathbf{c}_j - \mathbf{r} \sim (n,1)$, $j = 1,...,k$ besitzen ein einheitliches arithmetisches Mittel von null.

Schließlich werden die zentrierten Profilmatrizen $\mathbf{R}^z$ und $\mathbf{C}^z$ aus Gleichung (A3) über

$$\mathbf{D}_c^{-1/2}\mathbf{R}^z = ((r_{ji} - c_j)/c_j^{1/2}) \sim (k,n),$$

$$\mathbf{D}_r^{-1/2}\mathbf{C}^z = ((c_{ij} - r_i)/r_i^{1/2}) \sim (n,k) \qquad \textbf{(A4)}$$

noch mit Zeilengewichten versehen. Dabei enthält z.B. die Diagonalmatrix $\mathbf{D}_c^{-1/2} \sim (k,k)$ auf der Hauptdiagonale die Elemente $1/c_j^{1/2}$ für $j = 1,...,k$.

<u>Hinweis:</u> Durch die Zeilengewichtung aus Gleichung (A4) ergibt sich mit d_i^r bzw. d_j^c als Hauptdiagonalelementen der Matrizen $\mathbf{R}^{z\prime}\mathbf{D}_c^{-1}\mathbf{R}^z \sim (n,n)$ bzw. $\mathbf{C}^{z\prime}\mathbf{D}_r^{-1}\mathbf{C}^z \sim (k,k)$

$$\sum_{i=1}^{n} r_i d_i^r = \sum_{j=1}^{k} c_j d_j^c = X^2/\mathbf{1}_n{'}\mathbf{X}\mathbf{1}_k. \qquad \textbf{(A5)}$$

In Gleichung (A5) bezeichnet X^2 die Teststatistik in einem χ^2-Unabhängigkeitstest für die Variablen x^r und x^c. $X^2/\mathbf{1}_n{'}\mathbf{X}\mathbf{1}_k$ wird totale Trägheit genannt. Die Summanden in Gleichung (A5) heißen jeweils Profilträgheiten. d_i^r bzw. d_j^c sind sogenannte χ^2-Distanzen zwischen einem Zeilenprofil, Vektor $\mathbf{r}_i$, bzw. einem Spaltenprofil, Vektor $\mathbf{c}_j$, und dem zugehörigen gewichteten Durchschnittsprofil, Vektor $\mathbf{c}$ bzw. $\mathbf{r}$.

MODELLE: Skalarproduktansatz für transformierte Profilvariablen, d.h. für transformierte Spaltenvektoren der Matrix $\mathbf{C}^z$ bzw. $\mathbf{R}^z$

$$c_j^{1/2}\mathbf{D}_r^{-1}\mathbf{c}_j^z = \mathbf{Y}^r\mathbf{n}_j = \left(\sum_{l=1}^{p} y_{il}^r n_{jl}\right) \sim (n,1) \text{ für } j = 1,\dots,k$$

bzw. **(A6)**

$$r_i^{1/2}\mathbf{D}_c^{-1}\mathbf{r}_i^z = \mathbf{Y}^c\mathbf{m}_i = \left(\sum_{l=1}^{p} y_{jl}^c m_{il}\right) \sim (k,1) \text{ für } i = 1,\dots,n$$

mit $\mathbf{Y}^r = (y_{il}^r) \sim (n,p)$, $\mathbf{Y}^c = (y_{jl}^c) \sim (k,p)$, $\mathbf{N} = (n_{jl}) \sim (k,p)$ und $\mathbf{M} = (m_{il}) \sim (n,p)$ jeweils alternativ orthogonal oder verallgemeinert orthogonal, d.h. $\mathbf{N}'\mathbf{N} = \mathbf{M}'\mathbf{D}_r^{-1}\mathbf{M} = \mathbf{I} \sim (p,p)$ oder $\mathbf{M}'\mathbf{M} = \mathbf{N}'\mathbf{D}_c^{-1}\mathbf{N} = \mathbf{I} \sim (p,p)$.

Hinweise: Gleichung (A6) korrespondiert zu Gleichung (3.2) in Abschnitt 3.1.

Um Profile repräsentieren zu können, sind Q-Analysen durchzuführen. Es müssen also Objekte, die zu den Zeilen der Matrizen aus Gleichung (A4) gehören, aggregiert werden. Bei $(\mathbf{D}_c^{-1/2}\mathbf{R}^z)' = \mathbf{D}_r^{-1}\mathbf{C}^z\mathbf{D}_c^{1/2}$ bzw. $(\mathbf{D}_r^{-1/2}\mathbf{C}^z)' = \mathbf{D}_c^{-1}\mathbf{R}^z\mathbf{D}_r^{1/2}$ sind diese Objekte aber geeignet transformierte Profilvariablen c_j^z bzw. r_i^z mit zugehörigen Spaltenvektoren $\mathbf{c}_j^z$ bzw. $\mathbf{r}_i^z$. Eine Profilrepräsentation gewichteter Zeilenprofile ergibt sich demnach über die Aggregation transformierter Spaltenprofilvariablen, eine Profilrepräsentation gewichteter Spaltenprofile über die Aggregation transformierter Zeilenprofilvariablen. Die Koordinaten für eine Repräsentation der n gewichteten Zeilenprofile finden sich dann in den n Zeilen der noch zu bestimmenden Matrix $\mathbf{Y}^r$, die Koordinaten für eine Repräsentation der k gewichteten Spaltenprofile in den k Zeilen der noch zu bestimmenden Matrix $\mathbf{Y}^c$.

VERFAHREN: Berechnung von Werten der Hauptkomponenten y_l^r bzw. y_l^c, d.h. von Spaltenvektoren $\mathbf{y}_l^r$ bzw. $\mathbf{y}_l^c$ der Matrizen $\mathbf{Y}^r$ bzw. $\mathbf{Y}^c$ über

$$\mathbf{y}_l^r = \mathbf{D}_r^{-1}\mathbf{C}^z\mathbf{D}_c^{1/2}\mathbf{n}_l \sim (n,1) \text{ für } l = 1,\ldots,p$$
bzw. **(A7)**
$$\mathbf{y}_l^c = \mathbf{D}_c^{-1}\mathbf{R}^z\mathbf{D}_r^{1/2}\mathbf{m}_l \sim (k,1) \text{ für } l = 1,\ldots,p.$$

Für $\mathbf{n}_l \sim (k,1)$ bzw. $\mathbf{m}_l \sim (n,1)$ ist dabei der zum positiven Eigenwert λ_l^2, $l = 1,\ldots,p$ gehörende Eigenvektor der Matrix

$$\mathbf{D}_c^{1/2}\mathbf{C}^{z\prime}\mathbf{D}_r^{-2}\mathbf{C}^z\mathbf{D}_c^{1/2} = \mathbf{B}^\prime\mathbf{D}_r^{-1}\mathbf{B} = \mathbf{N}\mathbf{D}_\lambda^2\mathbf{N}^\prime =$$

$$\sum_{l=1}^{p} \lambda_l^2\, \mathbf{n}_l\mathbf{n}_l^\prime \sim (k,k)$$
bzw. **(A8)**
$$\mathbf{D}_r^{1/2}\mathbf{R}^{z\prime}\mathbf{D}_c^{-2}\mathbf{R}^z\mathbf{D}_r^{1/2} = \mathbf{B}\mathbf{D}_c^{-1}\mathbf{B}^\prime = \mathbf{M}\mathbf{D}_\lambda^2\mathbf{M}^\prime =$$

$$\sum_{l=1}^{p} \lambda_l^2\, \mathbf{m}_l\mathbf{m}_l^\prime \sim (n,n)$$

einzusetzen. Gleichung (A8) zeigt die entsprechenden verallgemeinerten Eigenwertzerlegungen. Darin ist die Matrix $\mathbf{D}_\lambda^2 = \text{diag}(\lambda_1^2,\ldots,\lambda_p^2) \sim (p,p)$ eine Diagonalmatrix mit den Eigenwerten $\lambda_1^2 \geq \ldots \geq \lambda_p^2 > 0$ auf der Hauptdiagonale. Die ebenfalls eingeführte Matrix **B** ist als $\mathbf{B} = \mathbf{D}_r^{-1/2}(\mathbf{P} - \mathbf{rc}')\mathbf{D}_c^{-1/2} \sim$ (n,k) definiert.

Hinweis: Die Eigenwerte in Gleichung (A8) sind identisch, weil die Matrizen $\mathbf{B}'\mathbf{B} \sim$ (k,k) und $\mathbf{BB}' \sim$ (n,n) bei $\mathbf{B}'\mathbf{B} = \mathbf{ND}_\lambda^2\mathbf{N}'$ und $\mathbf{BB}' = \mathbf{MD}_\lambda^2\mathbf{M}'$ diese Eigenwerte als identische Eigenwerte besitzen. In den entsprechenden Eigenwertzerlegungen sind die Matrizen $\mathbf{N} \sim$ (k,p) und $\mathbf{M} \sim$ (n,p) orthogonal. Definitionsgemäß summieren sich die Hauptdiagonalelemente der Matrizen $\mathbf{B}'\mathbf{B}$ und $\mathbf{BB}'$ zur totalen Trägheit. Für die Eigenwerte λ_l^2 gilt demnach: $\sum_{l=1}^{p} \lambda_l^2 = X^2/\mathbf{1}_n'\mathbf{X}\mathbf{1}_k$; sie summieren sich ebenfalls zur totalen Trägheit.

BEISPIEL: Gegeben sind die n = 77 Beobachtungen der qualitativen Variablen Region *r* und Gruppe *g* aus *Tabelle 1.1* (vgl. Abschnitt 1.1.1). *Tabelle A1* ist die zugehörige Kontingenztabelle.

Tabelle A1: Kontingenztabelle für n = 77 Objekte

	r			
g	1	2	3	Rand
1	9	17	15	41
2	27	1	8	36
Rand	36	18	23	77

In *Tabelle A1* korrespondieren die Werte der Variable $x^r = g$ zu Ländern mit niedrigen („1“) bzw. hohen („2“) Werten der Variable *hpi*, des Index für menschliche Armut (vgl. *Tabelle 1.1*). Die Variable $x^c = r$ unterscheidet zwischen Ländern aus Afrika („1“), Amerika („2“) und Asien („3“). Es zeigt sich, dass menschliche Armut insbesondere in afrikanischen Ländern vorherrscht.

Die SPSS-Prozedur CORRESPONDENCE liefert mit der Normalisierung PRINCIPAL für *Tabelle A1* nachfolgende Auswertung.

Tabelle A2: Totale Trägheit und χ^2-Unabhängigkeitstest

	Singulär wert	Auswertung für Trägheit	Chi-Quadrat	Sig.	Anteil der Trägheit
Dimension 1	,571	,326			1,000
Gesamt		,326	25,134	,000	1,000

Tabelle A2 zeigt das Ergebnis der Eigenwertberechnung für die Matrizen aus Gleichung (A8). Es ist nur eine einzige Hauptkomponente extrahiert worden. Als Singulärwert ist die positive Quadratwurzel des zugehörigen Eigenwertes λ_1^2 = 0,326 ausgewiesen. Die totale Trägheit und dieser Eigenwert sind notwendig identisch. Für die Testgröße im χ^2-Unabhängigkeitstest gilt demnach: $X^2 = \lambda_1^2 \mathbf{1}_n'\mathbf{X}\mathbf{1}_k$ = 0,326*77. Das empirische Signifikanzniveau des χ^2-Tests liegt unterhalb eines theoretischen Signifikanzniveaus von z.B. $\alpha = 0{,}01$. Wie zu erwarten, erweisen sich die Variablen Gruppe *g* und Region *r* damit als signifikant abhängig.

In *Tabelle A3* bzw. *Tabelle A4* wird die totale Trägheit in Beiträge einzelner Zeilen- bzw. Spaltenpunkte zerlegt. Unter Punkten sind dabei Repräsentationen gewichteter Profile zu verstehen. Zusätzlich finden sich in *Tabelle A3* bzw. *Tabelle A4* Punktkoordinaten als Werte in der einzigen vorhandenen Dimension. Diese Koordinaten sind die gesuchten Koordinaten für eine Repräsentation gewichteter Zeilen- bzw. Spaltenprofile, also Werte der Hauptkomponenten y_1^r bzw. y_1^c und damit Elemente des Vektors $\mathbf{y}_1^r \sim (2,1)$ bzw. $\mathbf{y}_1^c \sim (3,1)$ aus Gleichung (A7). In den jeweiligen mit Masse bezeichneten Spalten sind die Elemente der Vektoren $\mathbf{r} \sim (2,1)$ bzw. $\mathbf{c} \sim (3,1)$ angegeben. Definitionsgemäß gilt $\mathbf{r}'\mathbf{y}_1^r = \mathbf{c}'\mathbf{y}_1^c = 0$. Die Hauptkomponenten sind danach gewichtet zentriert.

Tabelle A3: Übersicht über Zeilenpunkte

	Masse	Wert in Dimension	Übersicht über Trägheit	Beitrag		
		1		des Punktes an der Trägheit der Dimension	der Dimension an der Trägheit des Punktes	
g				1	1	Gesamt
1	,532	-,535	,153	,468	1,000	1,000
2	,468	,610	,174	,532	1,000	1,000
Gesamt	1,000		,326	1,000		

Tabelle A4: Übersicht über Spaltenpunkte

	Masse	Wert in Dimension	Übersicht über Trägheit	Beitrag		
		1		des Punktes an der Trägheit der Dimension	der Dimension an der Trägheit des Punktes	
r				1	1	Gesamt
1	,468	,566	,150	,459	1,000	1,000
2	,234	-,826	,159	,488	1,000	1,000
3	,299	-,240	,017	,053	1,000	1,000
Gesamt	1,000		,326	1,000		

INTERPRETATION: Die Interpretation der Ergebnisse einer Korrespondenzanalyse ist wie bei Hauptkomponentenanalysen varianzbezogen, d.h. ausgerichtet auf Eigenwerte. So können die oben eingeführten χ^2-Distanzen d_i^r und d_j^c als Varianzen aufgefasst werden, die sich nach Gleichung (A5) gewichtet zur totalen Trägheit und damit der Varianzsumme als Summe von Eigenwerten summieren. Damit sind neben der Zerlegung der Gesamtvarianz in sogenannte Hauptträgheiten, die Varianzen

λ_l^2, l = 1,...,p der jeweiligen Hauptkomponenten, weitere Verteilungen der Varianzsumme gegeben.

Die Definition der Korrespondenzmatrix **P** ~ (n,k) mit Rang(**P**) = p+1 in Gleichung (A1) führt dazu, dass die zentrierten Profilmatrizen $\mathbf{R}^z$ und $\mathbf{C}^z$ in Gleichung (A3) einen Rang von höchstens p besitzen. Es können damit in Korrespondenzanalysen jeweils höchstens p Hauptkomponenten extrahiert werden.

Im betrachteten Beispiel weist die Gruppenvariable *g* nur p+1 = 2 Kategorien auf. Die einzige extrahierte Hauptkomponente erklärt mit ihrer Hauptträgheit $\lambda_1^2 = 0{,}326$ – wie in *Tabelle A2* ausgewiesen – jeweils 100% der totalen Trägheit als Gesamtvarianz. Bei der Repräsentation gewichteter Zeilen- bzw. Spaltenprofile auf der jeweils einzigen Hauptachse sind daher keine Informationsverluste - bedingt durch eventuelle Dimensionsreduktionen - zu berücksichtigen. Entsprechend ist dann in *Tabelle A3* z.B. auch definitionsgemäß $(y_{21}^r)^2 = d_2^r = 0{,}610^2$, d.h. das Quadrat des zweiten Elementes von $\mathbf{y}_1^r$ ist gerade gleich der χ^2-Distanz zwischen dem Zeilenprofil $\mathbf{r}_2$ und dem Durchschnittsprofil **c**. Der relative Beitrag $(y_{21}^r)^2/d_2^r$ der ersten Hauptachse zur Profilträgheit $r_2d_2^r$ beträgt damit 100%.

Der absolute Beitrag des Zeilenprofils $\mathbf{r}_2$ zur ersten Hauptträgheit, definiert als $r_2(y_{21}^r)^2/\lambda_1^2 = 0{,}468 * 0{,}610^2/0{,}326$ beläuft sich nach *Tabelle A3* gerade auf 53,2%. Entsprechend liegt nach *Tabelle A4* der absolute Beitrag des Spaltenprofils $\mathbf{c}_2$ zur ersten Hauptträgheit bei $c_2(y_{21}^c)^2/\lambda_1^2 = 0{,}488$.

Interessanterweise gelten nach Gleichung (A8) und wegen der vorhandenen gewichteten Zentrierung Übergangsformeln für die zu Paaren von Hauptkomponenten gehörenden Vektoren:

$$\mathbf{y}_l^r = \mathbf{R}'\mathbf{y}_l^c/\lambda_l,\ \mathbf{y}_l^c = \mathbf{C}'\mathbf{y}_l^r/\lambda_l \text{ für } l = 1,\ldots,p. \qquad \textbf{(A9)}$$

Im betrachteten Beispiel kann Gleichung (A9) bezogen auf *Tabelle A3* und *Tabelle A4* illustriert werden. Für y_{11}^c als erstes Element des Vektors y_1^c findet sich z.B. mit $\mathbf{c_1}$ = (0,25 0,75)′ nach *Tabelle A1* $y_{11}^c = \mathbf{c_1}'\mathbf{y_1}^r/\lambda_1$ = (0,25*(-0,535) + 0,75*0,610)/0,571 = 0,566. Werden die Repräsentationen gewichteter Zeilen- und Spaltenprofile auf einer einzigen Hauptachse untergebracht, ergibt sich damit folgende Interpretation: Die Repräsentation des ersten gewichteten Spaltenprofils liegt mit ihrem Wert 0,566 deshalb nahe an der Repräsentation des zweiten gewichteten Zeilenprofils mit ihrem Wert y_{21}^r = 0,610, weil das Gewicht c_{21} = 0,75 dieses Zeilenprofils im Vergleich zum Gewicht des anderen Zeilenprofils groß ausfällt. Inhaltlich spielt dabei nach *Tabelle A1* natürlich die Tatsache eine entscheidende Rolle, dass afrikanische Länder vorrangig Länder mit hohen Werten des Index für menschliche Armut sind.

Eine ausführliche Lehrbuchdarstellung der Korrespondenzanalyse findet sich bei Greenacre (1984), vgl. aber auch Kockläuner (1994, S. 62ff).

Kapitel 4: Multidimensionale Skalierung

Verfahren der multidimensionalen Skalierung sind Verfahren zur Repräsentation von Objekten oder Variablen. Auf der Basis gegebener Ähnlichkeiten oder Distanzen zwischen Objekten oder Variablen sollen diese durch Punkte in einem 2- oder 3-dimensionalen Koordinatensystem repräsentiert werden. Dabei sind z.B. ähnliche Objekte auf Punkte mit niedrigem Abstand, unähnliche Objekte auf weit entfernte Punkte abzubilden. Die Repräsentationsgüte einer solchen Abbildung hängt vom Informationsverlust bei eventuell notwendigen Dimensionsreduktionen ab.

Multidimensionale Skalierungen benötigen Beobachtungen von zumindest ordinal skalierten Ähnlichkeits- oder Unähnlichkeitsvariablen. Die klassische metrische Skalierung setzt Unähnlichkeiten, d.h. Distanzen als Beobachtungen quantitativer Variablen voraus. Da Skalierungen vorrangig objektbezogen, also Q-Analysen sind, beginnt die nachfolgende Vorstellung mit einer Objektskalierung. Anschließend werden Erweiterungen, darunter auch nichtmetrische Skalierungen, vorgestellt.

4.1 Klassische metrische Skalierung

ZIEL: Repräsentation von Objekten.

DATEN: Matrix $\mathbf{D} = (d_{ii'}) \sim (n,n)$ euklidischer Distanzen, Zeilen und Spalten bezogen auf dieselben n Objekte.

VORBEREITUNG: Eventuell notwendige <u>Berechnung euklidischer Distanzen</u> aus den Beobachtungen von k quantitativen Eigenschaftsvariablen x_j, $j = 1,...,k$. Die euklidische Distanz zwischen den Objekten mit den Nummern i und i′ ist definiert als

$$d_{ii'} = ((\mathbf{x}_i - \mathbf{x}_{i'})'(\mathbf{x}_i - \mathbf{x}_{i'}))^{1/2} =$$

$$(\sum_{j=1}^{k}(x_{ij} - x_{i'j})^2\ )^{1/2} \text{ für i,i}' = 1,\ldots,n. \qquad \textbf{(4.1)}$$

In Gleichung (4.1) bezeichnen $\mathbf{x}_i' \sim (1,k)$ und $\mathbf{x}_{i'}' \sim (1,k)$ Zeilenvektoren mit den Beobachtungen der k Variablen x_j für Objekt Nummer i bzw. i´.

Eventuell notwendige Transformation nichteuklidischer in euklidische Distanzen. Dazu ist außerhalb der Hauptdiagonale der vorhandenen Distanzmatrix eine hinreichend große positive Konstante c zu addieren. Zur möglichen Berechnung von c über bestimmte Eigenwerte vgl. Falk et al. (1995, S. 272f).

MODELL: Skalarproduktansatz für Objekte mit den Nummern i und i´, d.h. für Zeilenvektoren $\mathbf{x}_i' \sim (1,p)$ und $\mathbf{x}_{i'}' \sim (1,p)$ einer Matrix $\mathbf{X} \sim (n,p)$ von Objektkoordinaten

$$b_{ii'} = \mathbf{x}_i'\mathbf{x}_{i'} =$$

$$-\,0{,}5(d_{ii'}^2 - \bar{d}_{i.}^2 - \bar{d}_{.i'}^2 - \bar{d}_{..}^2) \text{ für i,i}' = 1,\ldots,n. \qquad \textbf{(4.2)}$$

In Gleichung (4.2) kennzeichnen Querstriche jeweils arithmetische Mittel, gebildet aus quadrierten Elementen der Distanzmatrix **D**. Die als Indizes verwendeten Punkte beschreiben Summenbildungen über die Zeile i, die Spalte i´ bzw. alle Zeilen und Spalten. $b_{ii'}$ ist Element einer Skalarproduktmatrix $\mathbf{B} \sim (n,n)$.

Hinweis: Nach Gleichung (4.1) gilt $d_{ii'}^2 = \mathbf{x}_i'\mathbf{x}_i + \mathbf{x}_{i'}'\mathbf{x}_{i'} - 2\mathbf{x}_i'\mathbf{x}_{i'}$ für die dortigen Vektoren. Auflösung nach $b_{ii'} = \mathbf{x}_i'\mathbf{x}_{i'}$ abhängig von quadrierten Elementen der Matrix **D** liefert Gleichung (4.2). Für die Skalarproduktmatrix **B** gilt

$$\mathbf{B} = -0{,}5(\mathbf{I} - \mathbf{1}\mathbf{1}'/n)\mathbf{D}^{(2)}(\mathbf{I} - \mathbf{1}\mathbf{1}'/n) \sim (n,n). \qquad \textbf{(4.3)}$$

In der zu Gleichung (4.2) äquivalenten Gleichung (4.3) steht $\mathbf{I} \sim (n,n)$ für die n-reihige Einheitsmatrix, **1**

~ (n,1) für einen n-elementigen Einsvektor. $\mathbf{D}^{(2)}$ ~ (n,n) enthält als Elemente die quadrierten Elemente der Matrix **D**. Gleichung (4.3) zeigt, dass die Matrix **B** durch eine doppelte Zentrierung entsteht. Vgl. dazu Gleichung (3.1) in Abschnitt 3.1.

VERFAHREN: Berechnung von Hauptkoordinaten als Werten von Variablen x_l, $l = 1,...,p$, die sich auf die Spalten der Matrix **X** beziehen. Die zugehörigen Spaltenvektoren $\mathbf{x}_l$ ergeben sich danach über

$$\mathbf{x}_l = \mathbf{B}\mathbf{m}_l/\lambda_l' =$$

$$\left(\sum_{i'=1}^{n} b_{ii'} m_{i'l} / \lambda_l'\right) \sim (n,1) \text{ für } l = 1,...,p. \qquad (4.4)$$

Für $\mathbf{m}_l$ ~ (n,1) ist dabei in Gleichung (4.4) der zum positiven Eigenwert $\lambda_l'^2$, $l = 1,...,p$ gehörende Eigenvektor aus der Eigenwertzerlegung

$$\mathbf{B} = \mathbf{M}\mathbf{D}_{\lambda'}^{2}\,\mathbf{M}' = \sum_{l=1}^{p} \lambda_l'^2\, \mathbf{m}_l\mathbf{m}_l' \sim (n,n) \qquad \mathbf{(4.5)}$$

einzusetzen. Die aus den Vektoren $\mathbf{m}_l$ ~ (n,1) gebildete Matrix **M** ~ (n,p) ist mit $\mathbf{M}'\mathbf{M} = \mathbf{I}$ ~ (p,p) orthogonal. In Gleichung (4.5) steht $\mathbf{D}_{\lambda'}^{2} = \text{diag}\,(\lambda_1'^2,...,\lambda_p'^2)$ für die Diagonalmatrix der Eigenwerte $\lambda_1'^2 \geq ... \geq \lambda_p'^2 > 0$. In Gleichung (4.4) wird durch die positiven Quadratwurzeln dieser Eigenwerte dividiert.

Hinweis: Sind die untersuchten Distanzen $d_{ii'}$ gemäß Gleichung (4.1) berechnet, gilt $\mathbf{B} = \mathbf{X}^z\mathbf{X}^{z\prime}$ mit $\mathbf{X}^z$ ~ (n,k) als zentrierter Datenmatrix (vgl. Gleichung (3.1)). Die Eigenwertzerlegung aus Gleichung (4.5) ist dann dual zur Eigenwertzerlegung der Matrix $(n-1)\mathbf{S} = \mathbf{X}^{z\prime}\mathbf{X}^z$ mit $(n-1)\mathbf{S} = (n-1)\mathbf{N}\mathbf{D}_{\lambda}^{2}\mathbf{N}' = \mathbf{N}\mathbf{D}_{\lambda'}^{2}\mathbf{N}'$ gemäß Gleichung (3.5) in Abschnitt 3.1. Beide Eigenwertzerlegungen sind durch eine Singulärwertzerlegung der

Matrix $\mathbf{X}^z$, d.h. die Zerlegung $\mathbf{X}^z = \mathbf{M}\mathbf{D}_{\lambda'}\mathbf{N}'$, miteinander verbunden. Singulärwerte sind hier die positiven Quadratwurzeln der Eigenwerte $\lambda_l'^2$, $l = 1,...,p$, zu finden auf der Hauptdiagonale der Diagonalmatrix $\mathbf{D}_{\lambda'} \sim (p,p)$.

Wird die Singulärwertzerlegung für $\mathbf{X}^z$ in Gleichung (3.4) (vgl. Abschnitt 3.1) eingesetzt, zeigen sich die dortigen Spaltenvektoren $\mathbf{y}_l$ mit den Vektoren $\mathbf{x}_l$ aus Gleichung (4.4) identisch. Werte von Hauptkomponenten y_l sind dann also gleichzeitig Hauptkoordinaten, d.h. die gesuchten Werte der Variablen x_l. Die Ergebnisse einer Hauptkomponentenanalyse (vgl. *Kapitel 3*) sind demnach auch die Ergebnisse einer klassischen metrischen Skalierung.

BEISPIEL: Gegeben ist die Distanzmatrix $\mathbf{D} \sim (n=8,n=8)$ aus *Tabelle 1.3* in Abschnitt 1.1.3. Diese Matrix enthält euklidische Distanzen zwischen den ersten $n = 8$ in *Tabelle 1.1* (vgl. Abschnitt 1.1.1) betrachteten Ländern als Objekten. Die einzelnen Distanzen sind dabei aus Beobachtungen der Variablen *leben*, *alpha*, *wasser*, *gesund* und *gewicht* nach vorheriger Standardisierung berechnet. Eine Repräsentation der untersuchten Länder muss hier also nicht notwendig von den ermittelten Distanzen ausgehen, damit keine Distanzskalierung sein. Die benötigten Hauptkoordinaten können auch direkt über eine Hauptkomponentenanalyse der einbezogenen Eigenschaftsvariablen, also im Rahmen einer Vektorskalierung, ermittelt werden.

Mit Hilfe der für Hauptkomponentenanalysen in SPSS zuständigen Prozedur FACTOR ergibt sich denn auch die Länderrepräsentation aus *Abbildung 4.1*. Die Koordinaten der betrachteten Länder sind darin Werte der ersten beiden extrahierten Hauptkomponenten. Als zugehörige Eigenwerte werden $\lambda_1^2 = 2{,}431$ und $\lambda_2^2 = 1{,}478$ ausgewiesen. Die Eigenwerte der weiteren nicht repräsentierten Hauptkomponenten liegen unterhalb von eins.

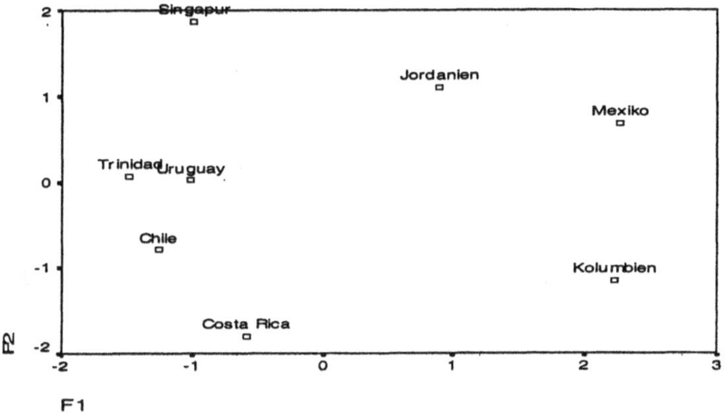

Abbildung 4.1: Streudiagramm der ersten beiden variablenbezogenen Hauptkomponenten

INTERPRETATION: Bei n Objekten wird ein höchstens n-1-dimensionales Koordinatensystem benötigt, wenn darin Punkte als Objektrepräsentationen so angeordnet werden sollen, dass Punktabstände mit den gegebenen Objektdistanzen übereinstimmen. Entsprechend gilt für die Skalarproduktmatrix **B** in Gleichung (4.3) wegen der vorherigen Zentrierung Rang(**B**) = $p \leq n - 1$. Sind allerdings Distanzen aus den Werten von $k < n-1$ Eigenschaftsvariablen berechnet, muß Rang(**B**) = $p \leq k$ sein.

Im betrachteten Beispiel müssen sich bei $k = 5$ Variablen demnach die untersuchten Länder in einem $p \leq 5$-dimensionalen Koordinatensystem exakt repräsentieren lassen. Für eine Repräsentation in weniger als Rang(**B**) = $p = 5$ Dimensionen ist ein Informationsverlust hinzunehmen. Bei nur $g = 2 < p$ verbliebenen Dimensionen hängt die in *Abbildung 4.1* vorhandene Repräsentationsgüte demnach vom Ausmaß des Informationsverlustes ab, der mit der vorgenommenen Dimensionsreduktion verbunden ist.

Der jeweilige Informationsverlust kann naturgemäß analog zur Hauptkomponentenanalyse, also wieder varianzbezogen, erfasst werden. In direkter Übertragung bietet sich der Anteil der p – g kleinsten an der Summe aller Eigenwerte $\lambda_l^{\prime 2}$ bzw. - gleichwertig damit - λ_l^2 an. Dieser Anteil lässt sich nicht nur - wie bei der Hauptkomponentenanalyse - varianzbezogen, sondern - für die multidimensionale Skalierung geeignet - auch distanzbezogen interpretieren. So bleiben gegebene Objektdistanzen bei den rechtwinkligen Rotationen, die mit der Extraktion aller p Hauptkomponenten verbunden sind, unverändert. Werden nur $g < p$ Hauptkomponenten extrahiert, erfolgen Projektionen der ursprünglichen Objektrepräsentationen auf die zugehörigen Hauptachsen. Dabei verändern sich natürlich Objektdistanzen. Es tritt zusammen mit dem minimalen Verlust an der Varianzsumme der Hauptkomponentenanalyse ein minimaler Verlust bei der Summe quadrierter Distanzen ein. Letzterer beläuft sich, wie einfache Beispiele unter Anwendung des Satzes von Pythagoras zeigen, gerade auf das 2n-fache der Summe der p – g kleinsten Eigenwerte $\lambda_l^{\prime 2}$. Zu einem Beweis vgl. Mardia et al. (1979, S. 407).

Im betrachteten Beispiel ergibt sich aus den genannten Eigenwerten, dass die beiden Hauptkomponenten aus *Abbildung 4.1* über 78% der zu verteilenden Varianzsumme von $k = p = 5$ erklären. Der Anteil der $p - g = 3$ kleinsten an der Summe aller Eigenwerte $\lambda_l^{\prime 2}$ liegt damit unter 22%. Wird ein Informationsverlust von bis zu 25 % toleriert, ist der zur Erstellung von *Abbildung 4.1* hingenommene Verlust an der Summe quadrierter Distanzen hinreichend klein. *Abbildung 4.1* bietet damit eine angemessene Darstellung der gegebenen Objektdistanzen. Entsprechend liegen in *Abbildung 4.1* auch die Punktrepräsentationen der Länder mit der kleinsten gegebenen euklidischen Distanz, nämlich Trinidad (Land „1") und Uruguay (Land „3"), am nächsten beieinander.

4.2 Erweiterungen: ALSCAL

Das Beispiel von Abschnitt 4.1 zeigt eine multidimensionale Skalierung nicht direkt, sondern nur indirekt über eine Hauptkomponentenanalyse. Direkt lassen sich multidimensionale Skalierungen in SPSS mit den Prozeduren ALSCAL oder PROXSCAL vornehmen. ALSCAL steht für alternierende Kleinstquadrateskalierung und setzt beim jeweiligen Ergebnis der klassischen metrischen Skalierung an. In der nachfolgenden Skalierungsphase wird eine einfache lineare Regression durchgeführt. Darin sind die aktuellen quadrierten Distanzen Beobachtungen der abhängigen, die gegebenen quadrierten Distanzen Beobachtungen der unabhängigen Variable. Konkret wird eine SSTRESS genannte normierte Summe von Abweichungsquadraten zwischen aktuellen und über die Regression geschätzten quadrierten Distanzen bezüglich der geschätzten quadrierten Distanzen minimiert. Im ersten Durchlauf dieser Phase sind die aktuellen Distanzen Punktabstände, wie sie die Repräsentationen in *Abbildung 4.1* aufweisen.

Liegt der erhaltene SSTRESS-Wert hinreichend wenig unterhalb des entsprechenden Wertes aus dem vorherigen Durchlauf, stoppt das Iterationsverfahren. Ansonsten wird zur Modellierungsphase übergegangen. Hier geht es darum, bei gegebenen geschätzten quadrierten Distanzen eine neue Repräsentation zu finden. Dazu wird die Größe SSTRESS schrittweise über alle notwendigen Koordinaten minimiert. Im Ergebnis liegen dann Koordinaten vor, mit denen neue aktuelle quadrierte Distanzen berechnet werden können. Diese ermöglichen einen neuen Einstieg in die Skalierungsphase. Einzelheiten der Prozedur ALSCAL finden sich bei Kockläuner (1994, S. 106ff).

Wird ALSCAL entsprechend auf die Distanzmatrix aus *Tabelle 1.3* (vgl. Abschnitt 1.1.3) angewendet, ergibt sich nach 4 Iterationen die Länderrepräsentation aus *Abbildung 4.2*.

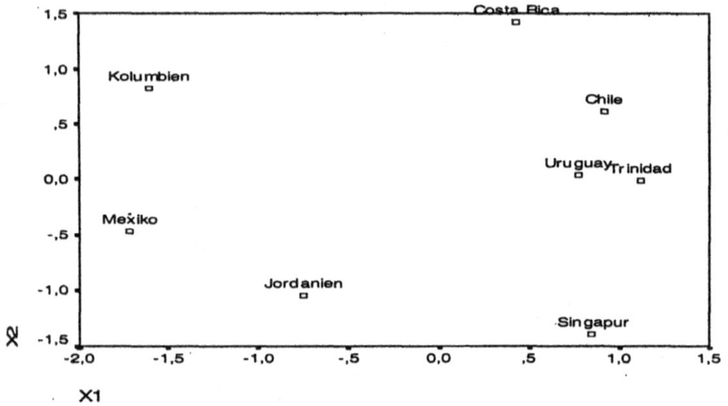

Abbildung 4.2: ALSCAL-Repräsentation von n = 8 Ländern

Ein Vergleich von *Abbildung 4.2* mit *Abbildung 4.1* zeigt, dass die Koordinaten der untersuchten Länder bei den durchgeführten ALSCAL-Iterationen im wesentlichen lediglich ihr Vorzeichen geändert haben. Eine neue Beurteilung ist danach nicht geboten.

Allgemein kann zur Beurteilung von ALSCAL-Repräsentationen der jeweils ausgewiesene SSTRESS-Wert dienen. Einfacher zu interpretieren ist aber ein ebenfalls immer ausgewiesenes Bestimmtheitsmaß R^2. Dieses bezieht sich auf die letzte durchgeführte Regression und gibt an, wieviel Prozent der Varianz einer Distanzvariable mit aktuellen, nicht quadrierten Distanzen als Beobachtungen durch die zugehörige Distanzvariable mit gegebenen Distanzen als Beobachtungen erklärt wird. Bei vorgenommenen Dimensionsreduktionen zeigt sich der damit verbundene Informationsverlust dann in einem Wert von $R^2 < 1$.

Für *Abbildung 4.2* liegt das genannte Bestimmtheitsmaß bei $R^2 = 0{,}928$ und signalisiert damit wie der oben genannte Eigenwertanteil eine ansprechende Repräsentationsgüte.

Abbildung 4.1 und *Abbildung 4.2* zeigen jeweils Ergebnisse vollständig metrischer Skalierungen. Es wird dabei von einer intervallskalierten euklidischen Distanzvariable ausgegangen. Das damit vorhandene Skalenniveau wird dann auch im weiteren Verlauf, z.B. in den Regressionen der Skalierungsphase, ausgenutzt. Alternativ lässt sich die Skalierungsphase in ALSCAL aber auch auf monotone Regressionen beschränken. In solchen Regressionen erfolgt lediglich eine Anpassung der Rangfolge von aktuellen an diejenige der gegebenen quadrierten Distanzen. Die durchgeführte multidimensionale Skalierung ist dann teilweise nichtmetrisch. Eine vollständig nichtmetrische Skalierung liegt erst dann vor, wenn zusätzlich für die Distanzvariable, deren Beobachtungen die Elemente der gegebenen Distanzmatrix sind, lediglich ordinales Skalenniveau vorausgesetzt wird.

Teilweise bzw. vollständig nichtmetrische Skalierungen können auch ausgehend von den Distanzen aus *Tabelle 1.3* durchgeführt werden. Für eine vollständig nichtmetrische Skalierung lassen sich dabei die einzelnen Distanzen durch ihre Ränge ersetzen. Die über die Prozedur ALSCAL zu erhaltenden 2-dimensionalen Länderrepräsentationen weichen aber kaum von derjenigen aus *Abbildung 4.2* ab. Sie werden deshalb hier auch nicht abgebildet. Mitzuteilen ist aber der gegenüber vollständig metrischen Skalierungen erwartungsgemäß höhere Wert des Bestimmtheitsmaßes von $R^2 > 0{,}99$.

Während die bisher vorgestellten multidimensionalen Skalierungen Objektskalierungen sind, soll abschließend eine Variablenskalierung vorgestellt werden. Das entsprechende Beispiel kann von der Korrelationsmatrix **R** aus *Tabelle 1.2* in Abschnitt 1.1.3 ausgehen. Die Elemente dort sind Korrelationen, also Ähnlichkeiten, zwischen den Variablen *leben*, *alpha*, *wasser*, *gesund* und *gewicht* aus *Tabelle 1.1* (vgl. Abschnitt 1.1.1). Diese Variablen lassen sich auf einfache Weise skalieren, wenn die gegebenen Korrelationen $r_{jj'}$ zuerst in Distanzen $d_{jj'}$ überführt werden. Dies kann z.B. gemäß Gleichung (4.6) geschehen.

$$d_{jj'} = (2(1 - r_{jj'}))^{1/2} \text{ für } j,j' = 1,\ldots,k. \qquad \textbf{(4.6)}$$

Die über Gleichung (4.6) zu ermittelnde Distanzmatrix **D** enthält euklidische Distanzen, wenn – wie in *Tabelle 1.2* – alle Korrelationen nicht negativ sind. Sie bietet eine Basis für die Anwendung der Prozedur ALSCAL. Wird die entsprechende vollständig metrische Skalierung unter der Annahme einer intervallskalierten Distanzvariable durchgeführt, ergibt sich *Abbildung 4.3*.

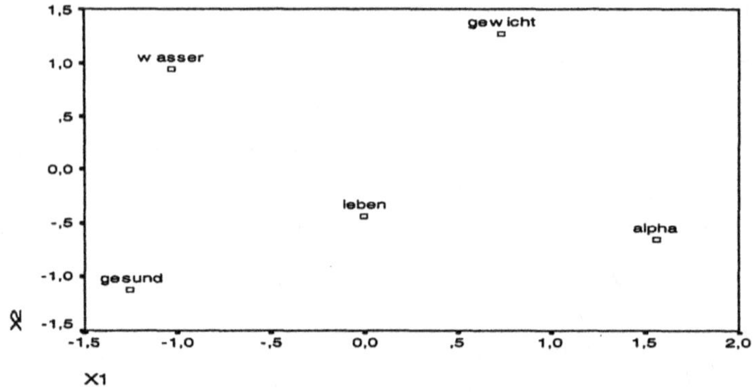

Abbildung 4.3: ALSCAL-Repräsentation von k = 5 Variablen

Abbildung 4.3 zeigt, dass die Repräsentationen der Variablen mit den höchsten Korrelationen am nächsten beieinander liegen. Ein Vergleich mit der Hauptkomponentendarstellung aus *Abbildung 3.2* (vgl. Abschnitt 3.2) ist aber nicht ohne weiteres möglich, da dort nur die n = 18 amerikanischen Länder in die Analyse einbezogen sind. Als Maß für die mit *Abbildung 4.3* verbundene Anpassungsgüte findet sich R^2 = 0,721.

Sämtliche hier mit der Prozedur ALSCAL vorgenommenen Skalierungen lassen sich auch mit der Prozedur PROXSCAL vornehmen. Im Unterschied zu ALSCAL werden dann aber die gegebenen Distanzen direkt approximiert. Der unmittelbare Bezug zur Hauptkomponentenanalyse entfällt damit. Die zu *Abbildung 4.2* und *Abbildung 4.3* korrespondierenden PROXSCAL-Repräsentationen unterscheiden sich nur marginal von der jeweiligen ALSCAL-Repräsentation. Sie werden daher hier nicht aufgeführt.

Teil II: Explorative Verfahren: Dependenzverfahren

Kapitel 5: Faktorenanalyse

Faktorenanalysen sind Analysen, bei denen eine bestimmte Anzahl beobachteter abhängiger Variablen durch eine kleinere Zahl unbeobachteter unabhängiger Variablen, die gesuchten Faktoren, erklärt wird. Die beobachteten Variablen sind vorrangig kardinal skalierte Eigenschaftsvariablen. Die Extraktion der Faktoren erfolgt in der Regel analog zur Hauptkomponentenanalyse, führt damit auf eine Hauptfaktorenanalyse. Faktorenanalysen vereinigen also das Modell der Regressionsanalyse mit dem Ansatz zur Datenreduktion aus der Hauptkomponentenanalyse. Sie sind modellbedingt notwendig R-Analysen, also variablenbezogen.

Nachfolgend wird zuerst eine einfache Hauptfaktorenanalyse von Eigenschaftsvariablen vorgestellt. Anschließend werden Erweiterungen, unter anderem die Übertragung auf Präferenzvariablen, behandelt.

5.1 Hauptfaktorenanalyse von Eigenschaftsvariablen

ZIEL: Aggregation der Variablen zu Hauptfaktoren.

DATEN: Matrix $\mathbf{X} = (x_{ij}) \sim (n,k)$ mit $n \geq k$ und Rang($\mathbf{X}$) = $p \leq k$, Zeilenvektoren $\mathbf{x}_i' \sim (1,k)$ für $i = 1,...,n$ bezogen auf n Objekte, Spaltenvektoren $\mathbf{x}_j \sim (n,1)$ für $j = 1,...,k$ bezogen auf k quantitative Eigenschaftsvariablen x_j, $j = 1,...,k$.

VORBEREITUNG: In der Regel Standardisierung der Datenmatrix $\mathbf{X}$ vor Verfahrensbeginn. Die Matrix $\mathbf{X}$ wird dabei gemäß Gleichung (2.1) in Abschnitt 2.1 in die Matrix $\mathbf{Z} \sim (n,k)$ mit Zeilenvektoren $\mathbf{z}_i' \sim (1,k)$ für $i = 1,...,n$ und Spaltenvektoren $\mathbf{z}_j \sim (n,1)$ für $j = 1,...,k$ überführt. Dazu korrespondiert die Ersetzung der Variablen x_j durch dimensionslose standardisierte Variablen z_j, $j = 1,...,k$.

MODELL: Regressionsansatz für Variablen z_j, d.h. für Spaltenvektoren $\mathbf{z}_j$ der Matrix $\mathbf{Z}$

$$\mathbf{z}_j = \mathbf{F}\mathbf{n}_j + \mathbf{u}_j =$$

$$\left(\sum_{l=1}^{p} f_{il} n_{jl} + u_{ij}\right) \sim (n,1) \text{ für } j = 1,...,k \qquad \mathbf{(5.1)}$$

mit $\mathbf{F} = (f_{il}) \sim (n,p)$, $\mathbf{F}'\mathbf{1} = \mathbf{0} \sim (p,1)$ und $\mathbf{F}'\mathbf{F}/(n-1) = \mathbf{I} \sim (p,p)$, $\mathbf{N} = (n_{jl}) \sim (k,p)$, $\mathbf{U} = (u_{ij}) \sim (n,k)$ und $\mathbf{U}'\mathbf{U}/(n-1) = \Sigma = \text{diag}(\sigma_1^2,...,\sigma_k^2) \sim (k,k)$ sowie $\mathbf{U}'\mathbf{F}/(n-1) = \mathbf{O} \sim (k,p)$.

Dabei steht **1** für einen p-elementigen Einsvektor, **I** für die p-reihige Einheitsmatrix; Σ ist eine Diagonalmatrix, **0** bezeichnet einen Nullvektor sowie **O** eine Nullmatrix.

Hinweis: In Gleichung (5.1) beziehen sich die Spaltenvektoren $\mathbf{f}_l \sim (n,1)$ der Matrix **F** auf Variablen f_l, $l = 1,...,p$, die gemeinsame Faktoren genannt werden. Entsprechend beziehen sich die Spaltenvektoren $\mathbf{u}_j$ auf sogenannte spezifische Faktoren u_j, $j = 1,...,k$. Annahmegemäß sind die Variablen f_l standardisiert und unkorreliert, die Variablen u_j unkorreliert mit gegebenenfalls unterschiedlichen Varianzen σ_j^2. Da außerdem zwischen den Variablen u_j und f_l keine Korrelationen vorhanden sein sollen, ergibt sich für die Variablen z_j, $j = 1,...,k$ eine Varianzkovarianz- bzw. Korrelationsmatrix von

$$\mathbf{S} = \mathbf{R} = \mathbf{Z}'\mathbf{Z}/(n-1) = \mathbf{N}\mathbf{N}' + \Sigma \sim (k,k). \qquad \mathbf{(5.2)}$$

Gleichung (5.2) enthält eine Varianzzerlegung für die Variablen z_j. Der erste Summand darin ist als Hauptdiagonalelement der Matrix **NN´** die durch gemeinsame Faktoren erklärte sogenannte Kommunalität

$$h_j^2 = \sum_{l=1}^{p} n_{jl}^2 \text{ für } j = 1,...,k. \qquad \textbf{(5.3)}$$

Als zweiter Summand findet sich für j = 1,...,k die auf den spezifischen Faktor zurückzuführende spezifische Varianz σ_j^2.

Die Elemente n_{jl} der Matrix **N** sind wegen

$$\mathbf{N} = \mathbf{Z}'\mathbf{F}/(n-1) \sim (k,p) \qquad \textbf{(5.4)}$$

Korrelationen zwischen der beobachteten Variable z_j, j = 1,...,k und dem unbeobachteten Faktor f_l, l = 1,...,p. Als Koeffizientenmatrix für die Faktoren in Gleichung (5.1) wird die Matrix **N** auch Ladungsmatrix genannt.

Vgl. das Modell der Hauptkomponentenanalyse in Gleichung (3.2) von Abschnitt 3.1.

VERFAHREN: Ermittlung von Anfangswerten für Kommunalitäten h_j^2 über

$$h_j^2 = R_j^2 \text{ für } j = 1,...,k. \qquad \textbf{(5.5)}$$

In Gleichung (5.5) bezeichnet R_j^2 das Bestimmtheitsmaß einer Regression mit der Variable z_j als abhängiger und allen anderen z-Variablen als unabhängigen Variablen.

Berechnung von Spaltenvektoren $\mathbf{n}_l$ der Ladungsmatrix **N** über

$$\mathbf{n}_l = \lambda_l \mathbf{n}_l^* \sim (k,1) \text{ für } l = 1,...,p. \qquad \textbf{(5.6)}$$

Für $\mathbf{n}_l^* \sim (k,1)$ ist dabei der zum Eigenwert λ_l^2, l = 1,...,p gehörende Eigenvektor der reduzierten Korrelationsmatrix $\mathbf{R}^*$ einzusetzen.

$$\mathbf{R}^* = \mathbf{R} - \text{diag}\,(1-h_1^2,...,1-h_k^2) =$$

$$\mathbf{NN}' = \mathbf{N}^*\mathbf{D}_\lambda{}^2\mathbf{N}^{*\prime} = \sum_{l=1}^{p} \lambda_l^2 \; \mathbf{n}_l{}^*\mathbf{n}_l{}^{*\prime} \sim (k,k). \qquad \mathbf{(5.7)}$$

Die Eigenvektoren $\mathbf{n}_l{}^*$ bilden Spalten der Matrix $\mathbf{N}^*$ ~ (k,p). Diese ist orthogonal, d.h. es gilt $\mathbf{N}^{*\prime}\mathbf{N}^* = \mathbf{I}$ ~ (p,p). In der Eigenwertzerlegung von Gleichung (5.7) bezeichnet $\mathbf{D}_\lambda{}^2$ = diag $(\lambda_1{}^2,...,\lambda_p{}^2)$ ~ (p,p) die Diagonalmatrix der Eigenwerte $\lambda_1{}^2 \geq ... \geq \lambda_p{}^2$.

Bei erstmaliger Berechnung von $\mathbf{R}^*$ nach Gleichung (5.7) sind die Kommunalitäten aus Gleichung (5.5) zu verwenden. Später jeweils Neuermittlung der Kommunalitäten über Gleichung (5.3) mit Elementen n_{jl} des Vektors $\mathbf{n}_l$ aus Gleichung (5.6). Abbruch des Verfahrens, wenn neue und alte Kommunalitäten hinreichend nahe beieinander liegen. Sonst Neuberechnung von $\mathbf{R}^*$ mit neuen Kommunalitäten und Neuberechnung von Elementen n_{jl} der Ladungsmatrix über Gleichung (5.6).

Mit den zuletzt berechneten Spaltenvektoren $\mathbf{n}_l$ aus Gleichung (5.6) abschließend Ermittlung von Faktorwerten als Werten geschätzter Hauptfaktoren f_l^*, d.h. von Spaltenvektoren $\mathbf{f}_l{}^*$ über

$$\mathbf{f}_l{}^* = \mathbf{ZR}^{-1}\mathbf{n}_l \sim (n,1) \text{ für } l = 1,...,p. \qquad \mathbf{(5.8)}$$

Hinweise: Abhängig von Eigenvektoren gemäß Gleichung (5.6) sind die Spaltenvektoren der Ladungsmatrix **N** bis auf das Vorzeichen eindeutig.

Die Diagonalelemente $1 - h_j^2$ in Gleichung (5.7) stellen Schätzungen der Varianzen σ_j^2, j = 1,...,k dar.

Gleichung (5.8) enthält nach Gleichung (5.2) und Gleichung (5.4) mit

$$\hat{\beta}_l = (\mathbf{Z}'\mathbf{Z})^{-1}\mathbf{Z}'\mathbf{f}_l = \mathbf{R}^{-1}\mathbf{n}_l \sim (k,1) \qquad \mathbf{(5.9)}$$

die Kleinstquadrateschätzung für einen Vektor β_l ~ (k,1) von Regressionskoeffizienten (vgl. dazu *Kapitel 8* über multivariate Regression). Im zugehörigen Regressionsmodell ist der unbeobachtete Hauptfaktor f_l umgekehrt zu Gleichung (5.1) jetzt abhängig von den Variablen z_j, j = 1,...,k. Werte von Hauptfaktoren f_l ergeben sich über Gleichung (5.8) nur im Sonderfall $\sigma_j^2 = 0$ für j = 1,...,k. In diesem Fall sind gemäß Gleichung (5.8) ermittelte Werte von Hauptfaktoren direkt proportional zu Werten von Hauptkomponenten, die mit standardisierten Daten nach Gleichung (3.4) (vgl. Abschnitt 3.1) ermittelt werden.

BEISPIEL: Analog zur Hauptkomponentenanalyse sollen hier wieder die n = 77 Beobachtungen der k = 5 Variablen *leben*, *alpha*, *wasser*, *gesund* und *gewicht* aus *Tabelle 1.1* (vgl. Abschnitt 1.1.1) untersucht werden. Es gilt, die genannten Variablen zu einer geeigneten Anzahl von Hauptfaktoren zu aggregieren.

Erfolgt diese Aggregation mit der SPSS-Prozedur FACTOR, wird die betrachtete Datenmatrix zuerst standardisiert. Unter der Überschrift Principal Axis Factoring oder Hauptachsenfaktorenanalyse werden nach 8 Iterationen als erstes Kommunalitäten ausgewiesen. Dann wird die Eigenwertstruktur der ursprünglichen, d.h. nicht reduzierten Korrelationsmatrix beschrieben.

Tabelle 5.1: Kommunalitäten von k = 5 Variablen

	Initial	Extraction
leben	0,670	0,788
alpha	0,516	0,447
wasser	0,541	0,518
gesund	0,346	0,391
gewicht	0,411	0,428

Tabelle 5.1 zeigt anfängliche und zuletzt ermittelte Kommunalitäten, berechnet nach Gleichung (5.5) bzw. Gleichung (5.3).

Die ermittelte Eigenwertstruktur entspricht derjenigen in *Tabelle 3.1* von Abschnitt 3.1. Sie wird hier nicht ein weiteres Mal aufgeführt. Es sei aber daran erinnert, dass sich nur ein einziger Eigenwert größer gleich eins findet. Dies führt dazu, dass hier auch nur ein einziger Hauptfaktor extrahiert wird. Die Werte des zugehörigen geschätzten Hauptfaktors hängen von den Elementen der Faktormatrix aus *Tabelle 5.2* ab.

Tabelle 5.2: Faktorenvektor des ersten Hauptfaktors

Factor Matrix

	Factor 1
leben	0,888
alpha	0,668
wasser	0,720
gesund	0,625
gewicht	0,654

Bei nur einem extrahierten Hauptfaktor beschränkt sich die Faktormatrix in *Tabelle 5.2* auf einen einzigen Vektor. Dieser Vektor ist der nach Gleichung (5.6) berechnete Vektor $\mathbf{n}_1$, hier einziger Spaltenvektor der Ladungsmatrix. Werden dessen Elemente quadriert und aufsummiert, ergibt sich 2,572. Diese extrahierte Summe von Quadraten macht 51,442% der Varianzsumme von $k = 5$ für die $k = 5$ untersuchten Variablen aus (vgl. dazu *Tabelle 3.1*).

Mit dem Vektor $\mathbf{n}_1$ können nach Gleichung (5.8) Werte des geschätzten Hauptfaktors f_1^* berechnet werden. In SPSS lassen sich die betreffenden hier $n = 77$ Werte in einer eigenen Spalte des Dateneditors anzeigen. Ein entsprechender Ausdruck erscheint an dieser Stelle nicht erforderlich.

INTERPRETATION: Wie das beschriebene Verfahren zeigt, sind Interpretationen von Faktorenanalysen vorrangig Interpretationen der erhaltenen Ladungen. Deren Interpretation schließt bei Hauptfaktorenanalysen naturgemäß an die Interpretation von Hauptkomponentenanalysen an. So geben die Spaltenvektoren $\mathbf{n}_l$ der Faktor- oder Ladungsmatrix im Koordinatensystem der untersuchten z-Variablen die Richtung von Achsen an, auf denen Werte extrahierter Hauptfaktoren f_l abgetragen werden können. Bei der Festlegung der betreffenden Richtungen gilt es, die Summe aller Kommunalitäten auf Beiträge dieser Faktoren zu verteilen, ist diese Summe doch der durch die gemeinsamen Faktoren erklärte Teil der Varianzsumme. Die gesuchten Achsen werden dann schrittweise so festgelegt, dass der Beitrag des jeweiligen Hauptfaktors zur verbliebenen Summe aller Kommunalitäten maximal ausfällt. Damit ergeben sich die einzelnen Beiträge gerade als Eigenwerte der reduzierten Korrelationsmatrix R^*.

Im betrachteten Beispiel wird nur ein einziger Hauptfaktor extrahiert. Die Gesamtkommunalität und der Beitrag dieses Hauptfaktors stimmen damit überein. Der Beitrag beläuft sich auf 2,572 als Summe extrahierter Kommunalitäten in *Tabelle 5.1*.

Nach Gleichung (5.1) sind die ermittelten Ladungen als Korrelations- auch Regressionskoeffizienten von Regressionen mit den einzelnen untersuchten Variablen als abhängigen und den Hauptfaktoren als unabhängigen Variablen. Da gemeinsame Faktoren annahmegemäß unkorreliert sein sollen, ist jedes Ladungsquadrat damit ein Bestimmtheitsmaß. So gibt n_{jl}^2 das Bestimmtheitsmaß einer einfachen linearen Regression der beobachteten Variable z_j in Abhängigkeit vom Hauptfaktor f_l an. Hohe Werte für diese Bestimmtheitsmaße erlauben Zuordnungen bestimmter z-Variablen zu bestimmten Faktoren und eröffnen damit Interpretationsmöglichkeiten für diese Faktoren.

Bei nur einem Hauptfaktor stimmen Ladungsquadrate und extrahierte Kommunalitäten notwendig überein. Letztere sind also die genannten Bestimmtheitsmaße. Wie *Tabelle 5.1* zeigt, erklärt der extrahierte Hauptfaktor aber nur bei den Variablen *leben* und *wasser* über 50% von deren Varianz. Die Summe extrahierter Kommunalitäten als Summe aller Bestimmtheitsmaße beläuft sich nur auf 51,442% der Varianzsumme. Es stellt sich damit die Frage, ob im Beispiel ein einziger Faktor ausreicht, um die Korrelationsstruktur der untersuchten Variablen angemessen zu beschreiben.

Die Festlegung der jeweiligen Anzahl g von Hauptfaktoren stellt ein entscheidendes Problem jeder Faktorenanalyse dar. Wird im betrachteten Modell zumindest eine positive Varianz σ_j^2 unterstellt, muß $g < p$ und damit kleiner als der Rang der untersuchten Datenmatrix sein. Zur Festlegung von g kann die Anzahl von Eigenwerten der nicht reduzierten Korrelationsmatrix dienen, die größer als eins ausfallen. Dieser Ansatz ist in SPSS als Standard vorgesehen. Es kann aber analog zur Hauptkomponentenanalyse auch ein sogenannter Scree-Plot angefertigt werden, der abhängig von l die Eigenwerte λ_l^2, $l = 1,...,p$ der nicht reduzierten Korrelationsmatrix in absteigender Größe zeigt. Dasjenige l, bei dem der zugehörige fallende Polygonzug einen „Ellenbogen“ zeigt, definiert dann die Anzahl g. Schließlich kann g auch dadurch festgelegt werden, dass die mit g extrahierten Faktoren verbundene Gesamtkommunalität voraussetzungsgemäß z.B. mindestens 75% der Varianzsumme in Höhe von k bei k untersuchten Variablen ausmacht.

Wie bereits in Abschnitt 3.1 mitgeteilt, liefert der Scree-Plot für das betrachtete Beispiel den Wert $g = 2$. Werden demgemäß $g = 2$ Hauptfaktoren extrahiert, ergibt sich - wie in der vergleichbaren Hauptkomponentenanalyse - die Möglichkeit einer 2-dimensionalen Objektrepräsentation. Dazu sind die über Gleichung (5.8) ermittelten Werte der beiden geschätzten

Hauptfaktoren f_1^* und f_2^* in einem Koordinatensystem abzutragen. *Abbildung 5.1* zeigt die entsprechende Repräsentation.

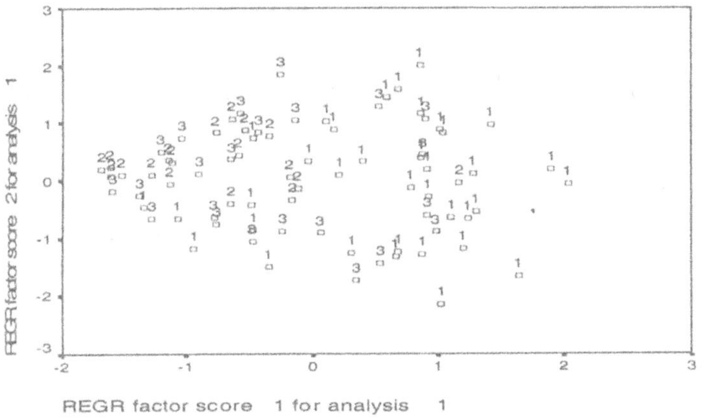

Abbildung 5.1: Streudiagramm der ersten beiden geschätzten Hauptfaktoren

In *Abbildung 5.1* sind die repräsentierten Länder wie in *Abbildung 3.1* (vgl. Abschnitt 3.1) regionsspezifisch gekennzeichnet. Ein Vergleich der beiden Repräsentationen weist keine wesentlichen Unterschiede aus. Verfahrensbedingt gibt es jetzt aber für den ersten extrahierten Hauptfaktor Ladungen, die von denen in *Tabelle 5.2* abweichen. Die zweithöchste Ladung findet sich jetzt mit Bezug auf die Variable *alpha*. Sämtliche Ladungen des zweiten extrahierten Hauptfaktors sind absolut geringer als die des ersten. Eine Zuordnung von untersuchten Variablen zu verschiedenen Hauptfaktoren erscheint damit nicht möglich. Zudem beläuft sich die mit den beiden Hauptfaktoren verbundene Gesamtkommunalität auch nur auf 64,389% der Varianzsumme. Ein Anteil der Gesamtkommunalität von 75% an der Varianzsumme wird im Beispiel selbst bei vier extrahierten Hauptfaktoren nicht erreicht.

Natürlich kann eine Gruppierung der betrachteten Länder von *Abbildung 5.1* ausgehen, die Faktorenanalyse also um eine Clusteranalyse ergänzt werden. Dabei ist dann allerdings der zur Erstellung einer solchen Abbildung hingenommene Informationsverlust zu berücksichtigen.

Für Hauptfaktorenanalysen bleibt festzuhalten: Im Gegensatz zu den unbeobachteten Hauptfaktoren f_l sind die geschätzten Hauptfaktoren f_l^* - wie in *Abbildung 5.1* - in der Regel nicht standardisiert und nicht unkorreliert. Ihre Werte erfüllen damit in der Regel Gleichung (5.4) auch nur angenähert. Daneben kann die reduzierte Korrelationsmatrix R^* negative Eigenwerte besitzen. Das beschriebene Verfahren kann Kommunalitäten größer als eins oder kleiner als null liefern. Die Konvergenz des Verfahrens ist – wie im Fall der Vorbereitung von *Abbildung 5.1* – nicht immer gegeben. Zudem besteht bei einer im Vergleich mit p großen Anzahl g die Möglichkeit, dass das beschriebene Verfahren nicht mehr wohldefiniert ist. In einem solchen Fall ist die Anzahl zu bestimmender Parameter größer als die Anzahl vorhandener Gleichungen. All dies lässt die Frage aufkommen, ob auf Hauptfaktorenanalysen nicht zugunsten von Hauptkomponentenanalysen verzichtet werden sollte.

Eine solche negative Einschätzung von Hauptfaktorenanalysen beruht, darauf ist hinzuweisen, nicht vorrangig auf dem benutzten Beispiel. So lassen sich nach *Kapitel 3* im Beispiel ungefähr 75% der Varianzsumme durch die ersten beiden Hauptkomponenten erklären. Demgemäß liegt auch das in der Hauptfaktorenanalyse häufig benutzte Kaiser-Meyer-Olkin-Maß für die Korrelationsmatrix des Beispiels bei über 73%. Dieses Maß setzt die Summe quadrierter Korrelationskoeffizienten außerhalb der Hauptdiagonale der Korrelationsmatrix ins Verhältnis zur Summe daraus und der Summe der entsprechenden Quadrate partieller Korrelationskoeffizienten. Ist die zuletzt genannte Summe verhältnismäßig klein, kann die beobachtete Anzahl von Variablen prinzipiell ohne großen Informationsverlust auf eine kleinere Anzahl von Hauptkomponenten oder Hauptfaktoren reduziert werden.

5.2 Erweiterungen, speziell Rotationen

Faktorenanalysen müssen nicht mit dem Ergebnis einer Hauptfaktorenanalyse enden. Um zu angemessenen Interpretationen extrahierter Faktoren zu gelangen, wird das beschriebene Verfahren oft um eine Rotationsphase erweitert. Eine solche Phase beruht auf folgender Veränderung des Regressionsansatzes aus Gleichung (5.1): Es werden darin die Matrizen $\mathbf{F} \sim (n,p)$ und $\mathbf{N} \sim (k,p)$ jeweils mit einer orthogonalen Transformationsmatrix $\mathbf{T} \sim (p,p)$ multipliziert. Derartige Multiplikationen sind mit rechtwinkligen Rotationen vorhandener Achsen verbunden. Da für $\mathbf{T}$ also $\mathbf{T'T} = \mathbf{TT'} = \mathbf{I} \sim (p,p)$ mit $\mathbf{I}$ als Einheitsmatrix gelten soll, bleibt der Gehalt von Gleichung (5.1) unverändert. Die Eindeutigkeit der über eine Hauptfaktorenanalyse ermittelten Ladungen wird jedoch aufgehoben. Zur Bestimmung der Elemente von $\mathbf{T}$ wird vor allem das Varimax-Verfahren angewandt. Danach gilt es, eine neue Ladungsmatrix $\mathbf{NT} \sim (k,p)$ zu erhalten, für die nach zeilenbezogener Division durch die jeweilige Kommunalität die Summe der spaltenbezogenen Varianzen quadrierter Elemente maximal ausfällt. Zu Einzelheiten des Verfahrens vgl. Mardia et al. (1979, S. 269f). Im Ergebnis bleiben die aktuellen Kommunalitäten erhalten. Die neue Ladungsmatrix weist aber eine Einfachstruktur auf, die eine Zuordnung beobachteter Variablen zu extrahierten Faktoren erlaubt.

Das Varimax-Verfahren ist neben anderen standardmäßig in der SPSS-Prozedur FACTOR enthalten. Wird es auf obiges Beispiel mit zwei extrahierten Hauptfaktoren angewandt, reduziert sich der Beitrag des ersten Faktors zur Varianzsumme auf nur noch 36,728%. Die Ladungen der beiden Faktoren bei der Erklärung der Variable *alpha* belaufen sich nun aber auf 0,258 bzw. 0,934 (vgl. *Tabelle 5.1*). Da die genannte Ladung die einzige absolut große des zweiten Faktors ist, kann dieser jetzt als Alphabetisierungsfaktor interpretiert werden.

Naturgemäß lassen sich Faktorenanalysen auch mit Präferenzdaten durchführen. Dabei sind dann Präferenzvariablen zu Hauptfaktoren zu aggregieren. Entsprechende Analysen können im Anschluß an obiges Beispiel problemlos erfolgen. Zum direkten Vergleich bietet es sich an, die dort benutzten Beobachtungen der $k = 5$ Variablen *leben* bis *gewicht* durch ihre Rangfolgen zu ersetzen. Es entstehen als quantitativ aufzufassende Präferenzvariablen, die beobachtete Variablen einer Hauptfaktorenanalyse sein können. Werden analog zu oben zuerst zwei Hauptfaktoren extrahiert und wird anschließend eine Varimax-Rotation vorgenommen, zeigen sich aber zu obigen fast identische Ergebnisse. Diese werden daher hier nicht im einzelnen vorgestellt.

Zu weiteren Verfahren der Faktorenanalyse, die als Alternativen zur Hauptfaktorenanalyse größtenteils auch in SPSS implementiert sind, vgl. Fahrmeir et al. (1996, S. 694ff).

Kapitel 6: Diskriminanzanalyse

Bei einer Diskriminanzanalyse gehören die Merkmalträger bzw. Objekte, an denen quantitative Eigenschaftsvariablen beobachtet werden, zu verschiedenen vorab gegebenen Gruppen. Die Diskriminanzanalyse soll helfen, diese durch abhängige Gruppierungsvariablen gekennzeichneten Gruppen geeignet zu trennen, d.h. zwischen ihnen zu diskriminieren. Dazu sind die beobachteten unabhängigen Variablen zu unbeobachteten Trenn-, d.h. Diskriminanzvariablen zu aggregieren. Mit vorliegenden Diskriminanzvariablen lassen sich einzelne Merkmalträger bzw. Objekte dann klassifizieren, also einer der gegebenen Gruppen zuordnen.

Zur Einführung wird nachfolgend eine Diskriminanzanalyse für nur zwei Gruppen vorgestellt. Die Erweiterung auf mehr als zwei Gruppen erfolgt anschließend.

6.1 Diskriminanzanalyse für zwei Gruppen

ZIEL: Aggregation der Variablen zu einer Diskriminanzvariable, damit Objektklassifikation.

DATEN: Matrix $\mathbf{X} = (\mathbf{X}_1' \; \mathbf{X}_2')' = (x_{ij}) \sim (n,k)$ mit $\mathbf{X}_1 = (x_{i_1 j}) \sim (n_1,k)$, $\mathbf{X}_2 = (x_{i_2 j}) \sim (n_2,k)$, $n_1 \geq k$, $n_2 \geq k$ und $\text{Rang}(\mathbf{X}_1) = \text{Rang}(\mathbf{X}_2) = k$, Zeilenvektoren $\mathbf{x}_i' \sim (1,k)$ für $i = 1,...,n$ bezogen auf n_1 bzw. n_2 Objekte aus Gruppen mit den Nummern 1 bzw. 2, Spaltenvektoren $\mathbf{x}_j = (\mathbf{x}_j^{1\prime} \; \mathbf{x}_j^{2\prime})' \sim (n,1)$ mit $\mathbf{x}_j^1 \sim (n_1,1)$, $\mathbf{x}_j^2 \sim (n_2,1)$ für $j = 1,...,k$ bezogen auf k quantitative Eigenschaftsvariablen x_j, $j = 1,...,k$.

VORBEREITUNG: Eventuell vor Verfahrensbeginn <u>Standardisierung</u> der Datenmatrix $\mathbf{X}$ gemäß Gleichung (2.1) in Abschnitt 2.1.

MODELL: <u>Skalarproduktansatz</u> für eine Variable y, d.h. für einen Spaltenvektor $\mathbf{y} = (\mathbf{y}^{1\prime} \; \mathbf{y}^{2\prime})'$ mit $\mathbf{y}^1 \sim (n_1,1)$ und $\mathbf{y}^2 \sim (n_2,1)$

$$\mathbf{y} = \mathbf{Xn} = (\sum_{j=1}^{k} x_{ij} n_j) \sim (n,1) \qquad \textbf{(6.1)}$$

mit $\mathbf{n} \sim (k,1)$ und $s_y^{2i} = (\mathbf{y}^{1z\prime}\mathbf{y}^{1z} + \mathbf{y}^{2z\prime}\mathbf{y}^{2z})/(n-2) = 1$ als kombinierter interner Varianz von y, wobei die Vektoren $\mathbf{y}^{1z} = \mathbf{y}^1 - \bar{y}^1\mathbf{1} \sim (n_1,1)$ bzw. $\mathbf{y}^{2z} = \mathbf{y}^2 - \bar{y}^2\mathbf{1} \sim (n_2,1)$ aus $\mathbf{y}^1$ bzw. $\mathbf{y}^2$ durch eine gruppenbezogene Zentrierung entstehen. $\bar{y}^1$ und $\bar{y}^2$ bezeichnen danach gruppenspezifische Mittelwerte. **1** bezeichnet jeweils einen geeignet dimensionierten Einsvektor.

Hinweis: Gleichung (6.1) definiert den Vektor **y** als Linearkombination der Vektoren $\mathbf{x}_j$, j = 1,...,k. Die Definition der Variable y ist also analog zur Definition der Variablen y_l in Gleichung (3.3) (vgl. Abschnitt 3.1). Danach gibt der Vektor **n** im Raum der Variablen x_j die Richtung einer y-Achse an. Elemente des Vektors **y** ergeben sich dann über Projektionen von Objektrepräsentationen auf diese Achse.

VERFAHREN: Transformation der Variablen x_j, d.h. der zugehörigen Spaltenvektoren $\mathbf{x}_j$, j = 1,...,k gemäß Gleichung (6.1). Die Werte der Diskriminanzvariable genannten transformierten Variable y, d.h. ihr zugehöriger Spaltenvektor **y**, werden danach über

$$\mathbf{y} = (\mathbf{y}^{1\prime}\ \mathbf{y}^{2\prime})' = c\mathbf{XW}^{-1}\mathbf{d} \sim (n,1) \qquad \textbf{(6.2)}$$

berechnet. Es ist also $\mathbf{n} = \mathbf{W}^{-1}\mathbf{d} \sim (k,1)$ zu setzen. In Gleichung (6.2) steht dabei $\mathbf{W}^{-1} \sim (k,k)$ für die Inverse der Matrix kombinierter interner Summen von Abweichungsquadraten

$$\mathbf{W} = (n_1 - 1)\mathbf{S}_1 + (n_2 - 1)\mathbf{S}_2 =$$

$$\mathbf{X}_1^{z\prime}\mathbf{X}_1^z + \mathbf{X}_2^{z\prime}\mathbf{X}_2^z =$$

$$\sum_{i_1=1}^{n_1}(\mathbf{x}_{i1} - \overline{x}^1)(\mathbf{x}_{i1} - \overline{x}^1)' + \sum_{i_2=1}^{n_2}(\mathbf{x}_{i2} - \overline{x}^2)(\mathbf{x}_{i2} - \overline{x}^2)'$$

$$\sim (k,k) \qquad \textbf{(6.3)}$$

mit $\mathbf{S}_1 \sim (k,k)$ bzw. $\mathbf{S}_2 \sim (k,k)$ als gruppenspezifischen Varianzkovarianzmatrizen der Variablen x_j, $j = 1,...,k$ und $\mathbf{X}_1^z \sim (n_1,k)$ bzw. $\mathbf{X}_2^z \sim (n_2,k)$ als zugehörigen zentrierten Datenmatrizen (vgl. Gleichung (2.4) in Abschnitt 2.1 und Gleichung (3.1) in Abschnitt 3.1). Der Vektor **d** ist mit

$$\mathbf{d} = \overline{x}^1 - \overline{x}^2 \sim (k,1) \qquad \textbf{(6.4)}$$

ein Vektor von Abweichungen zwischen gruppenspezifischen Mittelwerten der Variablen x_j, $j = 1,...,k$. Die Konstante c garantiert $s_y^{2i} = 1$.

Berechnung von gruppenspezifischen Mittelwerten $\overline{y}^1$ bzw. $\overline{y}^2$ für den Vektor $\mathbf{y} = (y_i)$ aus Gleichung (6.2).

Klassifikation des Objekts mit der Nummer i bezogen auf diese Mittelwerte. D.h. für $i = 1,...,n$ Zuordnung des betreffenden Objekts zu derjenigen Gruppe, zu deren Mittelwert y_i den kleinsten Abstand aufweist.

Hinweise: Mit Gleichung (6.1) und Gleichung (6.3) kann die kombinierte interne Varianz von y in der Form $s_y^{2i} = \mathbf{n}'\mathbf{W}\mathbf{n}/(n-2)$ geschrieben werden.

Mit Gleichung (6.4) gilt für die Matrix kombinierter externer Summen von Abweichungsquadraten

$$\mathbf{B} = n_1(\overline{x}^1 - \overline{x})(\overline{x}^1 - \overline{x})' + n_2(\overline{x}^2 - \overline{x})(\overline{x}^2 - \overline{x})' =$$

$$n_1 n_2 \mathbf{d}\mathbf{d}'/n \sim (k,k), \qquad \textbf{(6.5)}$$

wobei $\overline{x}' = (\overline{x}_1 ... \overline{x}_k) \sim (1,k)$ den Vektor der Gesamtmittelwerte bezeichnet (vgl. Gleichung (2.5) in

Abschnitt 2.1). Mit Gleichung (6.5) kann auch s_y^{2e} = **n´Bn** als kombinierte externe Varianz von y vereinfacht geschrieben werden.

BEISPIEL: In *Tabelle 1.1* (vgl. Abschnitt 1.1.1) fallen die betrachteten n = 77 Länder in eine Gruppe von n_1 = 41 Ländern mit niedrigerem (*g* = 1) bzw. in eine andere Gruppe von n_2 = 36 Ländern mit höherem (*g* = 2) Wert des Index für menschliche Armut (Variable *hpi*). Dessen Ausmaß wird durch Beobachtungen der k = 5 Variablen *leben*, *alpha*, *wasser*, *gesund* und *gewicht* erfasst. Damit liegt ein Datensatz vor, wie ihn Diskriminanzanalysen erfordern. Im Rahmen einer solchen Analyse gilt es dann, zuerst die genannten Variablen zu einer Diskriminanzvariable zu aggregieren, anschließend damit die betrachteten Länder zu klassifizieren.

Wird die SPSS-Prozedur DISCRIMINANT entsprechend aufgerufen, finden sich zuerst Angaben zu einer Eigenwertstruktur:

Tabelle 6.1: Eigenwert der Matrix $\mathbf{W}^{-1}\mathbf{B}$

Function	Eigenvalue	% of Variance	Cumulative %	Canonical Correlation	Wilks´ Lambda
1	2,901	100,0	100,0	0,862	0,256

Tabelle 6.1 zeigt den einzigen positiven Eigenwert λ^{*2} der Matrix $\mathbf{W}^{-1}\mathbf{B}$ mit **W** ~ (k=5,k=5) gemäß Gleichung (6.3) und **B** ~ (k=5,k=5) gemäß Gleichung (6.5). Dieser Eigenwert bezieht sich bei zwei Gruppen von Beobachtungen immer auf 100% der kombinierten externen Varianz. Die in *Tabelle 6.1* ausgewiesene kanonische Korrelation r ergibt sich abhängig von λ^{*2}. Vom Eigenwert λ^{*2} hängt auch die Kennzahl Wilks´ Lambda ab.

Im Anschluss an die Eigenwertstruktur zeigt *Tabelle 6.2* den gemäß Gleichung (6.2) berechneten Koeffizientenvektor **n** ~

(k=5,1) von Gleichung (6.1). Die Koeffizienten aus *Tabelle 6.2* werden bei der gegebenen Normierung von $s_y^{2i} = 1$ kanonische Koeffizienten der Diskriminanzfunktion genannt. Die mit Gleichung (6.2) als Linearkombination verbundene Funktion heißt demnach Diskriminanzfunktion. Kanonischer Koeffizient ist auch die in *Tabelle 6.2* zusätzlich vorhandene Konstante b. Diese sorgt im Beispiel mit $\bar{y} = -b = 3{,}751$ nach Gleichung (6.2) für zentrierte Werte der Diskriminanzvariable y.

Tabelle 6.2: Koeffizientenvektor der Diskriminanzfunktion

	Function 1
leben	0,043
alpha	0,055
wasser	0,011
gesund	0,013
gewicht	0,014
constant	-3,751

Zum Ergebnis einer Diskriminanzanalyse gehört jeweils noch die Strukturmatrix aus *Tabelle 6.3*.

Tabelle 6.3: Strukturvektor der Diskriminanzvariable

Structure Matrix

	Function 1
alpha	0,757
leben	0,656
gewicht	0,394
wasser	0,380
gesund	0,368

Bei nur zwei Gruppen und damit einer einzigen Diskriminanzvariable reduziert sich die Strukturmatrix auf einen Vektor von Strukturkoeffizienten. Dessen Elemente finden sich in *Tabelle 6.3*. Sie geben kombinierte, d.h. durchschnittliche interne Korrelationen zwischen den untersuchten Variablen x_j, die diskriminierende Variablen genannt werden, und der Diskriminanzvariable y an, wobei sich die Werte letzterer jetzt auf standardisierte Koeffizienten beziehen.

Die nach Gleichung (6.2) berechneten Werte der Diskriminanzvariable y lassen sich im Dateneditor von SPSS neben den Werten der Variablen x_j, j = 1,...,k anzeigen. Werden die betrachteten Länder durch die Werte y_i, i = 1,...,n verfahrensgemäß klassifiziert, ergibt sich *Tabelle 6.4.*

Tabelle 6.4: Klassifikation von n = 77 Ländern

		Predicted Group Membership	
	g	1	2
Original	1	41	0
	2	2	34

Wie *Tabelle 6.4* zeigt, werden 75 von 77, d.h. 97,4% der untersuchten Länder korrekt klassifiziert.

INTERPRETATION: Zur Interpretation der Ergebnisse einer Diskriminanzanalyse gehört vorrangig die Erläuterung von Eigenwertstrukturen. Ein Eigenwertproblem ergibt sich aus dem Ansatz der Diskriminanzanalyse: Danach soll zwischen den betrachteten Gruppen so getrennt werden, d.h. der Vektor **n** in Gleichung (6.1) so bestimmt werden, dass der Quotient $s_y^{2e}/s_y^{2i} = (n-2)\mathbf{n}'\mathbf{B}\mathbf{n}/\mathbf{n}'\mathbf{W}\mathbf{n}$ aus den kombinierten externen und internen Varianzen der Diskriminanzvariable y maximal ausfällt. Unabhängig von der gewählten Normierung $s_y^{2i} = 1$ führt die Quotientenregel als Ableitungsregel auf das Eigenwertproblem $\mathbf{W}^{-1}\mathbf{B}\mathbf{n} = \lambda^{*2}\mathbf{n}$ (vgl. auch Mardia et al. (1979, S. 319)). Bei nur zwei Gruppen von Beobachtungen gibt es wegen Gleichung (6.5) mit Rang(**B**) = 1 nur einen von Null verschiedenen Eigenwert:

$$\lambda^{*2} = \mathrm{Spur}(\mathbf{W}^{-1}\mathbf{B}) = n_1 n_2 \mathbf{d}'\mathbf{W}^{-1}\mathbf{d}/n. \qquad \mathbf{(6.6)}$$

Wird der Eigenwert λ^{*2} aus Gleichung (6.6) zusammen mit Gleichung (6.5) in das zu lösende Eigenwertproblem eingesetzt, findet sich bei **d´n** als Skalar sofort der bis auf das Vorzeichen eindeutige Eigenvektor **n** gemäß Gleichung (6.2). Einsetzen dieses Vektors in den untersuchten Varianzquotienten liefert als dessen Maximum gerade $s_y^{2e} = (n-2)\lambda^{*2}$. Diese Größe wird nach Hotelling auch mit T^2 bezeichnet (vgl. dazu die Diskussion von Varianzanalysen in *Kapitel 10*). Der Ausdruck $(n-2)\mathbf{d}'\mathbf{W}^{-1}\mathbf{d}$ ist die sogenannte Mahalanobis-Distanz zwischen den beiden Gruppen von Beobachtungen.

Mit $\mathbf{W} + \mathbf{B} = \mathbf{T} = \mathbf{X}^{z\prime}\mathbf{X}^{z} \sim (k,k)$ und Gleichung (6.1) kann die Gesamtvarianz der Diskriminanzvariable y als $s_y^2 = \mathbf{n}'\mathbf{T}\mathbf{n}/(n-1)$ geschrieben werden. Bezogen darauf ist der Ansatz der Diskriminanzanalyse äquivalent zu einer Maximierung des Quotienten $s_y^{2e}/s_y^2 = (n-1)\mathbf{n}'\mathbf{B}\mathbf{n}/\mathbf{n}'\mathbf{T}\mathbf{n}$ bzw. - dual dazu - zu einer Minimierung des Quotienten $s_y^{2i}/s_y^2 = (n-1)\mathbf{n}'\mathbf{W}\mathbf{n}/((n-2)\mathbf{n}'\mathbf{T}\mathbf{n})$ bezüglich **n**. Die genannte Maximierung liefert mit λ^{*2} aus Gleichung (6.6) den Quotienten

$$\eta^2 = s_y^{2e}/((n-1)s_y^2) = \lambda^{*2}/(1+\lambda^{*2}). \qquad \textbf{(6.7)}$$

Entsprechend führt die genannte Minimierung auf

$$\Lambda = (n-2)s_y^{2i}/((n-1)s_y^2) = 1/(1+\lambda^{*2}), \qquad \textbf{(6.8)}$$

d.h. einen einfachen Ausdruck für Wilks´ Lambda (vgl. Gleichung (2.6) in Abschnitt 2.1). Der Quotient η^2 in Gleichung (6.7) gibt für die Diskriminanzvariable y an, wieviel Prozent der betreffenden Gesamtsumme von Abweichungsquadraten auf Gruppenunterschiede zurückzuführen sind. Entsprechend gibt dann Λ in Gleichung (6.8) natürlich den nicht auf Gruppenunterschiede zurückzuführenden Anteil dieser Gesamtsumme an.

Im Beispiel liegt der letztgenannte Anteil nach *Tabelle 6.1* mit $\Lambda = 0{,}256$ verhältnismäßig niedrig. Der weitaus größere Teil der Gesamtsumme von Abweichungsquadraten ist also durch

Gruppenunterschiede bedingt. Es ergibt sich $\eta^2 = 0{,}744$. In *Tabelle 6.1* ist statt η^2 die als kanonische Korrelation r bezeichnete positive Quadratwurzel daraus, also $\eta = r = 0{,}862$ ausgewiesen. Damit kann auch ohne einen statistischen Test davon ausgegangen werden, dass die untersuchten Variablen in der Lage sind, zwischen den betrachteten Gruppen geeignet zu trennen, d.h. gut zu diskriminieren. Diese Einschätzung bestätigt sich im Ergebnis der Klassifikation aus *Tabelle 6.4*.

Interessanterweise gibt die kanonische Korrelation r auch die Korrelation zwischen der im Beispiel eingeführten Gruppierungsvariable *g* und der Diskriminanzvariable y an. $\eta^2 = r^2 = R^2$ ist damit das Bestimmtheitsmaß in einer einfachen linearen Regression zwischen *g* und y, aber auch das Bestimmtheitsmaß in einer multiplen linearen Regression mit *g* als binärer abhängiger und den diskriminierenden Variablen x_j, $j = 1,...,k$ als unabhängigen Variablen. Eine Kleinstquadrateschätzung für die Koeffizienten von x_j liefert hier nämlich den Vektor $\hat{\beta} = \mathbf{T}^{-1}\mathbf{d} \sim (k,1)$ (vgl. Linder und Berchtold (1982, S.85)). Dieser Vektor $\hat{\beta}$ ist direkt proportional zum Vektor $\mathbf{n} = \mathbf{W}^{-1}\mathbf{d} \sim (k,1)$ gemäß Gleichung (6.2). Die Proportionalität zwischen $\mathbf{W}^{-1}\mathbf{d}$ und $\mathbf{T}^{-1}\mathbf{d}$ folgt unmittelbar aus der Zerlegung $\mathbf{T} = \mathbf{W}+\mathbf{B}$, wenn die Definition von $\mathbf{B}$ in Gleichung (6.5) sowie Gleichung (6.6) berücksichtigt werden. Damit kann aber bei nur zwei betrachteten Gruppen der Vektor $\hat{\beta}$ den Vektor $\mathbf{n}$ in Gleichung (6.2) ersetzen. Statt einer Diskriminanzanalyse kann eine multiple lineare Regressionsanalyse erfolgen. In SPSS steht dafür die Prozedur REGRESSION zur Verfügung.

Im Beispiel ergeben sich die Werte der Diskriminanzvariable y über die Koeffizienten aus *Tabelle 6.2*, d.h. den Vektor $\mathbf{n}$ gemäß Gleichung (6.2) und die zusätzlich in *Tabelle 6.2* ausgewiesene Konstante b. Damit gilt $\bar{y} = 0$ und negative y-Werte führen zu einer Klassifikation der betrachteten Länder in die eine, positive y-Werte in die andere Gruppe. Die Daten des Beispiels bewirken eine Zuordnung der Länder mit positiven y-Werten zur durch $g = 2$ gekennzeichneten Gruppe, also zur Gruppe der Länder mit höherem *hpi*-Wert. Die beiden einzigen nach *Tabelle 6.4* vorliegenden Fehlklassifikationen finden sich dabei für die Länder Irak und Ägypten. Diese Länder werden fälschlich der durch $g = 1$ gekennzeichneten Gruppe mit niedrigeren *hpi*-Werten zugeordnet. Als Folge besteht - bei der gewählten Gruppierungsvariable *g* offensichtlich - mit r = 0,989 eine hohe positive Korrelation zwischen der Diskriminanzvariable y und dem Index für menschliche Armut, d.h. der Variable *hpi*.

Welche Bedeutung die k = 5 einzelnen diskriminierenden Variablen x_j für die Diskriminanzvariable y haben, zeigen die Strukturkoeffizienten aus *Tabelle 6.3*. Die größenmäßige Reihenfolge der ausgewiesenen Korrelationen entspricht hier fast genau derjenigen der Koeffizienten aus *Tabelle 6.2*. So sind es vor allem die Variablen *alpha* und *leben*, die sich für die Diskriminanzvariable als bestimmend erweisen.

Strukturkoeffizienten dürfen nicht von der für diskriminierende Variablen gewählten Dimensionierung abhängen. Deshalb werden sie ausgehend von einer standardisierten Datenmatrix berechnet. Die zugehörigen standardisierten Koeffizienten der Diskriminanzfunktion ergeben sich analog zur multiplen linearen Regression, indem die Elemente des Vektors **n** gemäß Gleichung (6.2) mit den kombinierten internen Standardabweichungen der betreffenden diskriminierenden Variablen multipliziert werden.

6.2 Erweiterungen

Werden Diskriminanzanalysen für mehr als zwei Gruppen durchgeführt, ergeben sich wesentliche Veränderungen gegenüber dem 2-Gruppen-Fall. Entscheidend ist, dass für die Matrix **B** kombinierter externer Summen von Abweichungsquadraten immer Rang(**B**) $\leq$ min (k,g – 1) mit k als Anzahl beobachteter Variablen und g als Anzahl vorhandener Gruppen gilt. Bei g > 2 und wie üblich k $\geq$ 3 findet sich in der Regel Rang(**B**) $\geq$ 2. Damit kann die Matrix **B** nicht mehr wie im zweiten Teil von Gleichung (6.5), also abhängig von einfachen Mittelwertdifferenzen, dargestellt werden. Entsprechend entfallen dann auch die Darstellungen des Eigenwerts λ^{*2} bzw. Eigenvektors **n** in Gleichung (6.6) bzw. gemäß Gleichung (6.2). Als direkte Folge davon ist auch die Verbindung der Diskriminanz- zur Regressionsanalyse nicht mehr gegeben.

Unter der Annahme Rang(**B**) = g – 1 gilt nun in der Regel auch Rang($\mathbf{W}^{-1}\mathbf{B}$) = g–1. Die in der Regel nicht symmetrische Matrix $\mathbf{W}^{-1}\mathbf{B}$ ~ (k,k) mit **W** bzw. **B** aus den Gleichungen (2.4) bzw. (2.5) in Abschnitt 2.1 besitzt dann g – 1 positive Eigenwerte λ_l^{*2} mit $\lambda_1^{*2} \geq ... \geq \lambda_{g-1}^{*2} > 0$ (vgl. dazu die Diskussion in Abschnitt 7.2). Die zugehörigen Eigenvektoren $\mathbf{n}_l$ ~ (k,1) ermöglichen über $\mathbf{y}_l = c_l\mathbf{X}\mathbf{n}_l$ (vgl. Gleichung (6.1) und Gleichung (6.2)) eine Bestimmung von g – 1 unkorrelierten Diskriminanzvariablen y_l mit zugehörigen Spaltenvektoren $\mathbf{y}_l$ ~ (n,1), l = 1,...,g – 1. Für jede dieser Diskriminanzvariablen können gruppenspezifische Mittelwerte $\overline{y}_l^{l'}$, l′ = 1,...,g ermittelt werden. Ein Vergleich der nach Gleichung (2.7) in Abschnitt 2.2 berechneten euklidischen Distanzen zwischen Vektoren $\mathbf{y}_i = (y_{i1}...y_{i,g-1})'$ ~ (g-1,1) von Werten der Diskriminanzvariablen und Vektoren $\overline{y}^{l'} = (\overline{y}_1^{l'}...\overline{y}_{g-1}^{l'})'$ ~ (g-1,1), l′ = 1,...,g von zugehörigen gruppenspezifischen Mittelwerten führt zu einer Klassifikation der Objekte mit den Nummern i = 1,...,n. Dabei sind die einzelnen Objekte natürlich derjenigen Gruppe l′ zuzuordnen, zu deren Mittelwertvektor $\overline{y}^{l'}$ sich für $\mathbf{y}_i$ die kleinste euklidische Distanz ergibt.

Der beschriebene Ablauf kann an einem gegenüber Abschnitt 6.1 leicht veränderten Beispiel verdeutlicht werden. Die betrachteten n = 77 Länder mit ihren k = 5 Eigenschaftsvariablen *leben* bis *gewicht* sind nun regionsspezifisch zu gruppieren. Die Variable *r* in *Tabelle*

1.1 von Abschnitt 1.1.1 unterscheidet zwischen afrikanischen ($r = 1$), amerikanischen ($r = 2$) und asiatischen ($r = 3$) Ländern. Damit liegt ein Datensatz für eine 3-Gruppen-Diskriminanzanalyse vor. Die SPSS-Prozedur DISCRIMINANT liefert dafür folgendes Ergebnis:

Bei Rang($\mathbf{W}^{-1}\mathbf{B}$) = 2 sind die beiden Eigenwerte $\lambda_1^{*2} = 1{,}337$ und $\lambda_2^{*2} = 0{,}620$ ausgewiesen. Da die Normierung $s_{y_1}^{2i} = s_{y_2}^{2i} = 1$ gilt, macht der erste Eigenwert gerade 68,3% der Eigenwertsumme aus und bezieht sich damit auf 68,3% der Summe $s_{y_1}^{2e} + s_{y_2}^{2e}$ kombinierter externer Varianzen. Die erste Diskriminanzvariable zeigt sich gegenüber der zweiten also als viel bedeutender. Mit $\Lambda = ((1 + \lambda_1^{*2})(1 + \lambda_2^{*2}))^{-1} = 0{,}264$ (vgl. Gleichung (2.6) in Abschnitt 2.1) als verhältnismäßig kleinem Wert von Wilks´ Lambda lässt sich nur ein geringer Anteil von Fehlklassifikationen vermuten. Entsprechend ordnen die beiden Diskriminanzvariablen zusammen auch über 79% der untersuchten Länder der jeweils richtigen Region zu. Inhaltlich ist dabei natürlich zu berücksichtigen, dass sich die ärmsten Länder vorrangig in Afrika befinden.

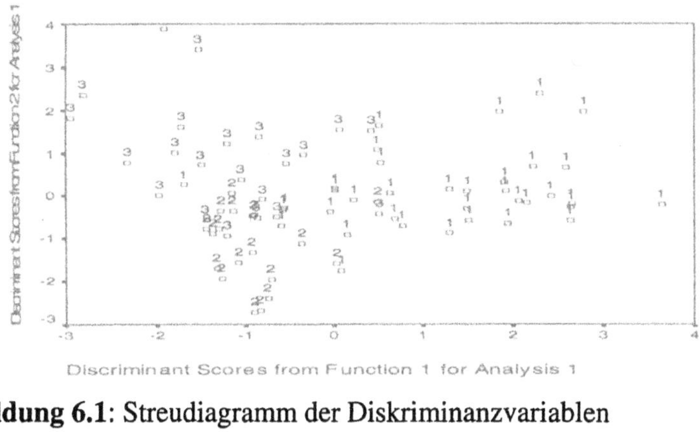

Abbildung 6.1: Streudiagramm der Diskriminanzvariablen

Wie die Elemente der Strukturmatrix zeigen, ist die Diskriminanzvariable y_1 dabei besonders hoch ($r = 0{,}831$) mit der Variable *leben*, die

Diskriminanzvariable y_2 mit der Variable *gewicht* (r = 0,799) korreliert. Die genannten Elemente sind die einzigen Elemente der Strukturmatrix mit Beträgen größer als 0,5. Damit kennzeichnet y_1 vorrangig Mängel in der Lebenserwartung, y_2 Ernährungsmängel, die zu Untergewicht führen. *Abbildung 6.1* zeigt abschließend das regionsspezifische Streudiagramm der Diskriminanzvariablen. Da in *Abbildung 6.1* die Nummer der tatsächlichen und nicht die Nummer der zugeordneten Region angezeigt ist, können darin vereinzelte Fehlklassifikationen entdeckt werden.

Kapitel 7: Kanonische Korrelationsanalyse

Bei kanonischen Korrelationsanalysen gehören die beobachteten Variablen zu einer von zwei vorab gegebenen und gleichberechtigten Gruppen. Diese Variablengruppen sollen sich auf geeignete Weise gegenseitig erklären. Dazu sind die beobachteten Variablen jeder Gruppe zu unbeobachteten kanonischen Variablen zu aggregieren. Die kanonischen Variablen der einen Gruppe erklären bis zu einem bestimmten Grad dann die Variablen der anderen Gruppe und umgekehrt.

Nachfolgend wird zuerst die kanonische Korrelationsanalyse in ihrer Allgemeinheit vorgestellt. Dabei bezieht sich die Darstellung auf standardgemäß untersuchte quantitative Eigenschaftsvariablen. Anschließend finden sich verschiedene Spezialfälle.

7.1 Allgemeine kanonische Korrelationsanalyse

ZIEL: Aggregation der Variablengruppen zu Paaren kanonischer Variablen.

DATEN: Matrix $\mathbf{X} = (\mathbf{X}_1\ \mathbf{X}_2) = (x_{ij}) \sim (n,k)$ mit $n \geq k$ und $\text{Rang}(\mathbf{X}) = k$, $\mathbf{X}_1 = (x^1_{ij_1}) \sim (n,k_1)$ mit $\text{Rang}(\mathbf{X}_1) = k_1$, $\mathbf{X}_2 = (x^2_{ij_2}) \sim (n,k_2)$ mit $\text{Rang}(\mathbf{X}_2) = k_2$, Zeilenvektoren $\mathbf{x}_i' = (\mathbf{x}_i^{1\prime}\ \mathbf{x}_i^{2\prime}) \sim (1,k)$ mit $\mathbf{x}_i^{1\prime} \sim (1,k_1)$, $\mathbf{x}_i^{2\prime} \sim (1,k_2)$ für $i = 1,\dots,n$ bezogen auf n Objekte, Spaltenvektoren $\mathbf{x}_{j1} \sim (n,1)$ bzw. $\mathbf{x}_{j2} \sim (n,1)$ für $j_1 = 1,\dots,k_1$ bzw. $j_2 = 1,\dots,k_2$ bezogen auf k_1 bzw. k_2 quantitative Eigenschaftsvariablen x_{j1}, $j_1 = 1,\dots,k_1$ bzw. x_{j2}, $j_2 = 1,\dots,k_2$.

VORBEREITUNG: Eventuell vor Verfahrensbeginn Standardisierung der Datenmatrix $\mathbf{X}$ gemäß Gleichung (2.1) in Abschnitt 2.1.

MODELL: Skalarproduktansätze für Variablen y_l^1 bzw. y_l^2, d.h. für Spaltenvektoren $\mathbf{y}_l^1$ bzw. $\mathbf{y}_l^2$ einer Matrix $\mathbf{Y}_1$ bzw. $\mathbf{Y}_2$

$$\mathbf{y}_l^1 = \mathbf{X}_1\mathbf{n}_l^1 = (\sum_{j_1=1}^{k_1} x_{ij_1}^1 n_{j_1l}^1) \sim (n,1) \text{ für } l = 1,\ldots,p = \min(k_1,k_2) \text{ bzw.} \tag{7.1}$$

$$\mathbf{y}_l^2 = \mathbf{X}_2\mathbf{n}_l^2 = (\sum_{j_2=1}^{k_2} x_{ij_2}^2 n_{j_2l}^2) \sim (n,1) \text{ für } l = 1,\ldots,p$$

mit $\mathbf{Y}_1 = (y_{il}^1) \sim (n,p)$, $\mathbf{Y}_2 = (y_{il}^2) \sim (n,p)$, $\mathbf{N}_1 = (n_{j_1l}^1) \sim (k_1,p)$, $\mathbf{N}_2 = (n_{j_2l}^2) \sim (k_2,p)$ und Varianzen $s_{y_l^1}^2 = s_{y_l^2}^2 = 1$ für $l = 1,\ldots,p$ sowie Kovarianzen $s_{y_l^1 y_{l'}^1} = s_{y_l^2 y_{l'}^2} = s_{y_l^1 y_{l'}^2} = 0$ für $l \neq l' = 1,\ldots,p$.

Hinweis: Die Vektoren $\mathbf{y}_l^1$ bzw. $\mathbf{y}_l^2$ sind nach Gleichung (7.1) Linearkombinationen der Vektoren $\mathbf{x}_{j1}$ bzw. $\mathbf{x}_{j2}$ (vgl. Gleichung (3.3) in Abschnitt 3.1). Im jeweiligen Raum der Variablen x_{j1} bzw. x_{j2} geben die Vektoren $\mathbf{n}_l^1$ bzw. $\mathbf{n}_l^2$ Richtungen von y_l^1- bzw. y_l^2-Achsen an. Elemente der Vektoren $\mathbf{y}_l^1$ bzw. $\mathbf{y}_l^2$ ergeben sich über Projektionen von Objektrepräsentationen auf diese Achsen.

VERFAHREN: Transformation der Variablen x_{j1} bzw. x_{j2}, d.h. der zugehörigen Spaltenvektoren $\mathbf{x}_{j1}$, $j_1 = 1,\ldots,k_1$ bzw. $\mathbf{x}_{j2}$, $j_2 = 1,\ldots,k_2$ gemäß Gleichung (7.1). Die Werte der kanonische Variablen genannten transformierten Variablen y_l^1 bzw. y_l^2, d.h. ihre zugehörigen Spaltenvektoren $\mathbf{y}_l^1$ bzw. $\mathbf{y}_l^2$, werden danach über

$$\mathbf{y}_l^1 = c_l^1\mathbf{X}_1\mathbf{n}_l^1 \sim (n,1) \text{ bzw.}$$

$$\mathbf{y}_l^2 = c_l^2\mathbf{X}_2\mathbf{n}_l^2 \sim (n,1) \text{ für } l = 1,\ldots,p \tag{7.2}$$

berechnet. Für $\mathbf{n}_l^1$ bzw. $\mathbf{n}_l^2$ sind dabei die zum Eigenwert λ_l^2, $l = 1,\ldots,p$ mit $\lambda_1^2 \geq \ldots \geq \lambda_p^2 > 0$ gehörenden Eigenvektoren der Matrizen

$$(\mathbf{S}_{11}^{-1}\mathbf{S}_{12})(\mathbf{S}_{22}^{-1}\mathbf{S}_{21}) \sim (k_1,k_1) \text{ bzw.}$$

$$(\mathbf{S}_{22}^{-1}\mathbf{S}_{21})(\mathbf{S}_{11}^{-1}\mathbf{S}_{12}) \sim (k_2,k_2) \qquad \textbf{(7.3)}$$

einzusetzen. In (7.3) bezeichnet $\mathbf{S}_{11}^{-1} \sim (k_1,k_1)$ die Inverse der Varianzkovarianzmatrix $\mathbf{S}_{11} = \mathbf{X}_1^{z\prime}\mathbf{X}_1^{z}/(n-1) \sim (k_1,k_1)$ der Variablen x_{j1}, $j_1 = 1,\ldots,k_1$. Entsprechend ist $\mathbf{S}_{22} = \mathbf{X}_2^{z\prime}\mathbf{X}_2^{z}/(n-1) \sim (k_2,k_2)$ die Varianzkovarianzmatrix der Variablen x_{j2}, $j_2 = 1,\ldots,k_2$, $\mathbf{S}_{12} = \mathbf{S}_{21}' = \mathbf{X}_1^{z\prime}\mathbf{X}_2^{z}/(n-1) \sim (k_1,k_2)$ die Matrix der Kovarianzen zwischen den Variablen x_{j1} und x_{j2}. Dabei kennzeichnet der Index z jeweils eine Variablenzentrierung. Die Konstanten c_l^1 bzw. c_l^2 in Gleichung (7.2) garantieren $s^2_{y_l^1} = s^2_{y_l^2} = 1$ für $l = 1,\ldots,p$.

Hinweis: Die Klammersetzung in (7.3) verdeutlicht, dass die dortigen Matrizen durch Vertauschung der jeweiligen Faktoren auseinander hervorgehen. Damit besitzen sie identische Eigenwerte (vgl. Mardia et al. (1979, S. 468)). Da die erste Matrix in (7.3) bei $\mathbf{S}_{11}^{-1} = (\mathbf{S}_{11}^{-1/2})^2$ durch Vertauschung der Faktoren von $(\mathbf{S}_{11}^{-1/2}\mathbf{S}_{12}{*}\,\mathbf{S}_{22}^{-1}\mathbf{S}_{21})\mathbf{S}_{11}^{-1/2}$, also einer symmetrischen Matrix hervorgeht, sind die Eigenwerte λ_l^2 positiv. Zwischen den jeweils zugehörigen Eigenvektoren bestehen definitionsgemäß die Beziehungen

$$\mathbf{n}_l^2 = \mathbf{S}_{22}^{-1}\mathbf{S}_{21}\mathbf{n}_l^1/\lambda_l \sim (k_2,1),$$

$$\mathbf{n}_l^1 = \mathbf{S}_{11}^{-1}\mathbf{S}_{12}\mathbf{n}_l^2/\lambda_l \sim (k_1,1) \text{ für } l = 1,\ldots,p. \qquad \textbf{(7.4)}$$

BEISPIEL: Die $k = 5$ quantitativen Eigenschaftsvariablen *leben* bis *gewicht* aus *Tabelle 1.1* (vgl. Abschnitt 1.1.1) können in zwei Gruppen aufgespalten werden. Z.B. kann die erste Gruppe aus den $k_1 = 2$ Variablen *leben* und *alpha*, die zweite aus den $k_2 = 3$ Variablen *wasser*, *gesund* und *gewicht* bestehen. Die so abgegrenzte zweite Gruppe wird durch die Definition des Index für menschliche Armut (Variable *hpi*) nahegelegt, werden zu dessen Berechnung doch die Werte der betreffenden Variablen durch einfache Mittelwertbildung aggregiert. Mit den n = 77 Beobachtungen der genannten Variablen bietet *Tabelle 1.1* damit einen Datensatz, wie er für allgemeine kanonische Korrelationsanalysen benötigt wird.

Werden die Variablengruppen entsprechend definiert, liefert das SPSS-Macro CANCORR neben den Korrelationsmatrizen für diese Gruppen (vgl. *Tabelle 1.2* in Abschnitt 1.1.3) zuerst Angaben, die von der zu erfolgenden Eigenwertberechnung abhängen:

Tabelle 7.1: Kanonische Korrelationen und Wilks´ Lambda

Variable	Canonical Correlation	Wilks´ Lambda
1	0,727	0,399
2	0,391	0,847

Im Anschluss finden sich Matrizen kanonischer Koeffizienten, getrennt für jede Variablengruppe:

Tabelle 7.2: Koeffizientenmatrizen der kanonischen Variablen

Variable	1	2	Variable	1	2
leben	-0,080	-0,068	*gesund*	-0,018	0,003
alpha	0,001	0,062	*wasser*	-0,030	-0,041
			gewicht	-0,013	0,090

Tabelle 7.2 enthält die verfahrensgemäß berechneten Matrizen $\mathbf{N_1} \sim (k_1{=}2,p{=}2)$ bzw. $\mathbf{N_2} \sim (k_2{=}3,p{=}2)$. Deren Elemente bilden also spaltenweise Eigenvektoren $\mathbf{n}_l^1$ bzw. $\mathbf{n}_l^2$, die zu den Eigenwerten der in (7.3) definierten Matrizen gehören. Die bis auf das Vorzeichen eindeutigen Eigenvektoren sind so normiert, dass für die kanonischen Variablen y_l^1 bzw. y_l^2 gerade $s^2_{y_l^1} = s^2_{y_l^2} = 1$, l = 1,2(=p) gilt. Die Koeffizienten aus *Tabelle 7.2* heißen deshalb kanonische Koeffizienten.

Zur Interpretation der kanonischen Variablen tragen die Ladungsmatrizen aus *Tabelle 7.3* bei.

Tabelle 7.3: Ladungsmatrizen der kanonischen Variablen

Variable	1	2	Variable	1	2
leben	-1,000	0,015	*gesund*	-0,768	0,098
alpha	-0,643	0,766	*wasser*	-0,918	-0,241
			gewicht	-0,660	0,695

Die Elemente der Matrizen aus *Tabelle 7.3* sind jeweils Korrelationen, und zwar zwischen den untersuchten Variablen x_{j1} bzw. x_{j2} und den kanonischen Variablen y_l^1 bzw. y_l^2 ein und derselben Variablengruppe.

INTERPRETATION: Sollen die Ergebnisse einer kanonischen Korrelationsanalyse interpretiert werden, sind zuerst die dafür grundlegenden Eigenwertprobleme zu beschreiben. Diese Probleme ergeben sich aus folgendem Ansatz: Die kanonischen Variablen y_l^1 und y_l^2 sind über die Vektoren $\mathbf{n}_l^1$ und $\mathbf{n}_l^2$ in Gleichung (7.1) so zu bestimmen, dass die Korrelation und damit das Bestimmtheitsmaß einer einfachen linearen Regression zwischen y_l^1 und y_l^2 maximal ausfällt. Dieses Bestimmtheitsmaß lässt sich als

$$R_l^2 = (\mathbf{n}_l^{1\prime}\mathbf{S}_{12}\mathbf{n}_l^2)^2/(\mathbf{n}_l^{1\prime}\mathbf{S}_{11}\mathbf{n}_l^1\mathbf{n}_l^{2\prime}\mathbf{S}_{22}\mathbf{n}_l^2)$$

$$\text{für } l = 1,\ldots,p \qquad \textbf{(7.5)}$$

mit $s^2_{y_l^1} = \mathbf{n}_l^{1\prime}\mathbf{S}_{11}\mathbf{n}_l^1 = s^2_{y_l^2} = \mathbf{n}_l^{2\prime}\mathbf{S}_{22}\mathbf{n}_l^2 = 1$ schreiben. Wird statt R_l^2 $\ln R_l^2$ maximiert, ergeben sich sofort die Eigenwertprobleme $\mathbf{S}_{11}^{-1}\mathbf{S}_{12}\mathbf{S}_{22}^{-1}\mathbf{S}_{21}\mathbf{n}^1 = R^2\mathbf{n}^1$ bzw. dual dazu $\mathbf{S}_{22}^{-1}\mathbf{S}_{21}*\mathbf{S}_{11}^{-1}\mathbf{S}_{12}\mathbf{n}^2 = R^2\mathbf{n}^2$ mit $R^2 = R_l^2$, $l = 1,\ldots,p$ als positiven Eigenwerten und $\mathbf{n}^1 = \mathbf{n}_l^1$ bzw. $\mathbf{n}^2 = \mathbf{n}_l^2$ als zugehörigen Eigenvektoren (vgl. auch Linder und Berchtold (1982, S. 175f)). Es zeigt sich also, dass

$$\lambda_l^2 = R_l^2 \text{ für } l = 1,\ldots,p, \qquad \textbf{(7.6)}$$

d.h. die Eigenwerte sind Bestimmtheitsmaße, ihre positiven Quadratwurzeln λ_l die kanonischen Korrelationen r_l.

Die zu den Eigenwerten gehörenden Eigenvektoren $\mathbf{n}_l^1$ und $\mathbf{n}_l^2$ führen für $l \neq l'$ auf unkorrelierte kanonische Variablen y_l^1, $y_{l'}^1$, y_l^2, $y_{l'}^2$. Ursächlich dafür ist z.B. die Gleichung $\mathbf{n}_l^1 = \mathbf{S}_{11}^{-1/2}\eta_l^1$ mit $\eta_l^1 \sim (k_1,1)$ als zum Eigenwert λ_l^2 gehörendem Eigenvektor der symmetrischen Matrix $\mathbf{S}_{11}^{-1/2}\mathbf{S}_{12}\mathbf{S}_{22}^{-1}\mathbf{S}_{21}\mathbf{S}_{11}^{-1/2} \sim (k_1,k_1)$ (vgl. Mardia et al. (1979, S. 283ff)).

Offensichtlich ist die Maximierung von R_l^2 äquivalent zur Minimierung von $1 - R_l^2$ und damit zur Bestimmung der Eigenwerte $1 - \lambda_l^2$ von Matrizen $\mathbf{I} - \mathbf{S}_{11}^{-1}\mathbf{S}_{12}\mathbf{S}_{22}^{-1}\mathbf{S}_{21} \sim (k_1,k_1)$ bzw. $\mathbf{I} - \mathbf{S}_{22}^{-1}\mathbf{S}_{21}\mathbf{S}_{11}^{-1}\mathbf{S}_{12} \sim (k_2,k_2)$ mit $\mathbf{I}$ als Einheitsmatrizen. Hohe Werte für die Bestimmtheitsmaße führen auf niedrige Werte für die Determinanten der genannten Matrizen. Letztere müssen bei identischen Eigenwerten übereinstimmen. Es gilt

$$\Lambda = |\mathbf{I} - \mathbf{S}_{11}^{-1}\mathbf{S}_{12}\mathbf{S}_{22}^{-1}\mathbf{S}_{21}| = |\mathbf{I} - \mathbf{S}_{22}^{-1}\mathbf{S}_{21}\mathbf{S}_{11}^{-1}\mathbf{S}_{12}| =$$

$$\prod_{l=1}^{p}(1 - \lambda_l^2) = |\mathbf{S}_{11} - \mathbf{S}_{12}\mathbf{S}_{22}^{-1}\mathbf{S}_{21}| / |\mathbf{S}_{11}| =$$

$$|\mathbf{S}_{22} - \mathbf{S}_{21}\mathbf{S}_{11}^{-1}\mathbf{S}_{12}|\,|\mathbf{S}_{22}|. \qquad \mathbf{(7.7)}$$

Die Bezeichnung für die Determinanten aus Gleichung (7.7) ist wieder Wilks' Lambda. So kann die Varianzkovarianzmatrix $\mathbf{S}_{11}$ gemäß $\mathbf{S}_{11} = \mathbf{S}_{12}\mathbf{S}_{22}^{-1}\mathbf{S}_{21} + (\mathbf{S}_{11} - \mathbf{S}_{12}\mathbf{S}_{22}^{-1}\mathbf{S}_{21})$ in einen ersten erklärten und einen zweiten restlichen Teil zerlegt werden. Entsprechend gilt natürlich $\mathbf{S}_{22} = \mathbf{S}_{21}\mathbf{S}_{11}^{-1}\mathbf{S}_{12} + (\mathbf{S}_{22} - \mathbf{S}_{21}\mathbf{S}_{11}^{-1}\mathbf{S}_{12})$ (vgl. dazu die Definition von Λ in Gleichung (2.6) von Abschnitt 2.1).

Im betrachteten Beispiel ist $p = \min(k_1=2,k_2=3) = 2$. Es werden also zwei Paare kanonischer Variablen extrahiert. Die zugehörigen Bestimmtheitsmaße belaufen sich auf $R_1^2 = 0{,}529$ bzw. $R_2^2 = 0{,}153$, d.h. die Quadrate der kanonischen Korrelationen aus *Tabelle 7.1*. Mit diesen Bestimmtheitsmaßen als

Eigenwerten ergibt sich Wilks´ Lambda nach Gleichung (7.7) zu $\Lambda = 0{,}399$ bei $1 - \lambda_2^2 = 0{,}847$ (vgl. *Tabelle 7.1*). Damit gilt $1 - \Lambda > 0{,}5$, d.h. in den Streuungszerlegungen von $\mathbf{S}_{11}$ bzw. $\mathbf{S}_{22}$ verfügt der erklärte Teil über ein weit größeres Gewicht als der Rest.

Kanonische Koeffizienten wie diejenigen in *Tabelle 7.2* beziehen sich auf die Analyse nicht standardisierter Variablen x_{j1} bzw. x_{j2}. Sie sind daher auch nicht geeignet, wenn es darum geht, die Bedeutung der einzelnen beobachteten Variablen für die extrahierten kanonischen Variablen zu erschließen. Während sich kanonische Koeffizienten naturgemäß bei Standardisierungen verändern, gilt dies definitionsgemäß nicht für die Werte der kanonischen Variablen. Die Eigenwertprobleme der kanonischen Korrelationsanalyse können daher auch für Korrelations- statt Varianzkovarianzmatrizen formuliert werden. Elemente von Ladungsmatrizen wie diejenigen in *Tabelle 7.3* sind damit unabhängig von eventuell vorhergehenden Standardisierungen. Sie ergeben sich modellbedingt damit jeweils durch Multiplikation von Zeilenvektoren der Korrelationsmatrix $\mathbf{R}_{11} \sim (k_1,k_1)$ bzw. $\mathbf{R}_{22} \sim (k_2,k_2)$ für die Variablen x_{j1}, $j_1 = 1,...,k_1$ bzw. x_{j2}, $j_2 = 1,...,k_2$ mit dem betreffenden Eigenvektor $\mathbf{n}_l^1 \sim (k_1,1)$ bzw. $\mathbf{n}_l^2 \sim (k_2,1)$.

In *Tabelle 7.3* liefern die Ladungen, d.h. Korrelationen, eindeutige Zuordnungen zwischen der Variable *leben* und der kanonischen Variable y_1^1 sowie zwischen der Variable *alpha* und der kanonischen Variable y_2^1. Die Variablen der zweiten Gruppe korrelieren fast durchgängig stärker mit der kanonischen Variable y_1^2 als mit der kanonischen Variable y_2^2.

Soll das Ausmaß der gegenseitigen Erklärung der beiden Variablengruppen konkreter als mit Wilks´ Lambda erfasst werden, ist eine sogenannte Redundanzanalyse vorzunehmen. Die dafür benötigten Informationen sind kanonische Korrelationen und Elemente der Ladungsmatrizen. So gibt - wie mit Gleichung (7.4), geschrieben für Korrelations- statt Varianzkovarianzmatrizen, leicht zu zeigen - das Produkt einer Ladung mit einer kanonischen Korrelation wieder eine Korrelation an, nämlich die Kreuzkorrelation zwischen der aus der einen Variablengruppe stammenden beobachteten Variable und der zur anderen Variablengruppe gehörenden kanonischen Variable. Kreuzkorrelationen werden auch Strukturkoeffizienten genannt. Quadrate davon sind Bestimmtheitsmaße von einfachen linearen Regressionen, aus denen sich partielle und totale Redundanzen gewinnen lassen. Partielle Redundanzen geben an, wieviel Prozent der Varianzsumme standardisierter beobachteter Variablen aus der einen durch eine kanonische Variable aus der anderen Gruppe erklärt wird. Totale Redundanzen ergeben sich als einfache Summen partieller Redundanzen. Für die Interpretation ist dabei zu berücksichtigen, dass die kanonischen Variablen einer Gruppe jeweils unkorreliert sind.

Für die Variable *alpha* aus der ersten Variablengruppe und die kanonische Variable y_1^2 ergibt sich z.B. die Kreuzkorrelation -0,643*0,727 = -0,468 (vgl. *Tabelle 7.1* und *Tabelle 7.3*). Entsprechend liegt die Kreuzkorrelation zwischen den Variablen *leben* und y_1^2 bei –0,727. Damit gilt für die standardisierten Variablen der ersten Variablengruppe: y_1^2 erklärt $((-0{,}468)^2 + (-0{,}727)^2)/2 = 37{,}4\%$ von deren Varianzsumme. Für die andere kanonische Variable, d.h. hier für y_2^2, liegt der entsprechende Satz bei lediglich 4,5%. Diese für die Variablen der ersten Gruppe partiellen Redundanzen ergeben aufsummiert deren totale Redundanz, hier in Höhe von 41,9%. Entsprechend findet sich mit den kanonischen Korrelationen und Ladungen aus *Tabelle 7.3* eine totale Redundanz von 35,8% für die Variablen der zweiten Gruppe. Damit erklären die beobachteten Variablen der einen Gruppe zusammen jeweils weniger als 50% der Varianzsumme, die sich für die standardisierten beobachteten Variablen der anderen Gruppe ergibt.

7.2 Spezialfälle

Ein elementarer Spezialfall der allgemeinen kanonischen Korrelationsanalyse ergibt sich, wenn eine der beiden Variablengruppen nur eine einzige Variable enthält. Die kanonische Korrelation reduziert sich dann auf eine mehrfache lineare Regression. In einem solchen Fall kann nämlich nur das aus y_1^1 und y_1^2 bestehende Paar kanonischer Variablen extrahiert werden. Ist z.B. $k_1 = 1$, dann reduziert sich der Eigenvektor $\mathbf{n}_1^1$ auf ein Skalar. Es lässt sich $n_1^1 = \lambda_1$ setzen, womit nach Gleichung (7.4) $\mathbf{n}_1^2 = \mathbf{S}_{22}^{-1}\mathbf{S}_{21}$. Der Eigenvektor $\mathbf{n}_1^2 \sim (k_2,1)$ stimmt danach mit einem über die Methode der kleinsten Quadrate ermittelten Vektor geschätzter Regressionskoeffizienten überein. Im zugehörigen multiplen linearen Regressionsmodell ist $x_{j1} = x_1$ die abhängige Variable. Unabhängige Variablen sind die Variablen x_{j2}, $j_2 = 1,...,k_2$. Als kanonische Korrelation gibt λ_1 dann natürlich den multiplen Korrelationskoeffizienten, λ_1^2 das Bestimmtheitsmaß der betreffenden Regression an.

Wie dieser Spezialfall zeigt, können bestimmte Abhängigkeitsrichtungen in die kanonische Korrelationsanalyse Eingang finden. Diese müssen sich aber nicht auf eine einzige abhängige Variable beschränken. So ergibt sich mit mehr als einer abhängigen Variable auch die multivariate Regressionsanalyse als weitergehender Spezialfall. Eine derartige Analyse ist – insbesondere unter Testaspekten – im nachfolgenden *Kapitel 8* vorgesehen.

Kapitel 6 hat für zwei Gruppen eine Beziehung zwischen der Diskriminanz- und Regressionsanalyse hergestellt. Damit sind auch bestimmte Diskriminanzanalysen Spezialfälle allgemeiner kanonischer Korrelationsanalysen. Wird wieder $k_1 = 1$ gesetzt, kann die Variable $x_{j1} = x_1$ als Gruppierungsvariable mit nur zwei verschiedenen Werten definiert werden. Nach der Diskussion in Abschnitt 6.1 ist der Eigenvektor $\mathbf{n}_1^2$ aus Gleichung (7.4) dann proportional zum Koeffizientenvektor der gesuchten Diskriminanzfunktion. $n_1^1 = \lambda_1$ wird entsprechend bereits in der Diskriminanzanalyse kanonische Korrelation genannt.

Interessanterweise kann aber auch die Diskriminanzanalyse mit mehr als zwei Gruppen unter der allgemeinen kanonischen Korrelationsanalyse eingeordnet werden. So sind bei g betrachteten Variablengruppen g – 1 Gruppierungsvariablen erforderlich. Mit $k_1 = g - 1$ können diese Variablen die erste Variablengruppe einer kanonischen Korrelationsanalyse bilden, die beobachteten Variablen x_{j2}, $j_2 = 1,...,k_2$ entsprechend die zweite Gruppe. Für letztere bildet $(n - 1)\mathbf{S}_{22} = \mathbf{T} \sim (k_2,k_2)$ dann die Matrix der Summen von Abweichungsquadraten (vgl. Gleichung (2.3) in Abschnitt 2.1). Die Gruppierungsvariablen lassen sich als Dummyvariablen $x_{j1} = x_l$, $l = 1,...,g - 1$ mit Werten von eins für Beobachtungen aus der Gruppe l und von null sonst einführen. Die beobachteten Variablen können so zentriert werden, dass für die Gruppe g gilt: $\bar{x}^g = \bar{x} \sim (k_2,1)$, d.h. der Mittelwertvektor für diese Gruppe ist gleichzeitig der Gesamtmittelwertvektor. Damit ergibt sich dann die Gleichung $(n - 1)\mathbf{S}_{21}\mathbf{S}_{11}^{-1}\mathbf{S}_{12} = \mathbf{B} \sim (k_2,k_2)$ mit $\mathbf{B}$ als Matrix kombinierter externer Summen von Abweichungsquadraten (vgl. Gleichung (2.5) in Abschnitt 2.1, aber auch Mardia et al. (1979, S. 330)). Die kanonische Korrelationsanalyse führt demnach auf das Eigenwertproblem $\mathbf{T}^{-1}\mathbf{B}\mathbf{n}^2 = \lambda^2\mathbf{n}^2$ mit $\lambda^2 = \lambda_l^2$, $l = 1,...,g - 1$ als positiven Eigenwerten der Matrix $\mathbf{T}^{-1}\mathbf{B} \sim (k_2,k_2)$ und $\mathbf{n}^2 = \mathbf{n}_l^2 \sim (k_2,1)$ als zugehörigen Eigenvektoren. Bei $\mathbf{W} = \mathbf{T} - \mathbf{B} \sim (k_2,k_2)$ als Matrix kombinierter interner Summen von Abweichungsquadraten (vgl. Gleichung (2.4) in Abschnitt 2.1) ist dieses Eigenwertproblem aber äquivalent zum Eigenwertproblem $\mathbf{W}^{-1}\mathbf{B}\mathbf{n}^2 = \lambda^2/(1 - \lambda^2)\mathbf{n}^2$. Zu den Eigenwerten λ_l^2 der kanonischen Korrelationsanalyse korrespondieren damit die Eigenwerte $\lambda_l^{*2} = \lambda_l^2/(1 - \lambda_l^2)$ einer Diskriminanzanalyse. Für beide Eigenwertprobleme finden sich dieselben Eigenvektoren. Damit müssen Diskriminanzvariablen, die mit solchen Eigenvektoren gebildet werden, genau wie kanonische Variablen einer Variablengruppe unkorreliert sein.

Teil III: Konfirmatorische Verfahren: Einstichprobenverfahren

Kapitel 8: Multivariate Regressionsanalyse

Multivariate Regresssionsanalysen gehen aus entsprechenden univariaten Analysen dadurch hervor, dass die Anzahl abhängiger Variablen auf mindestens zwei erhöht wird. Klassische multivariate Regressionsanalysen setzen bei mehrfachen linearen Regressionsmodellen für beobachtete quantitative Eigenschaftsvariablen an. Solche Modelle gilt es nachfolgend einzuführen und einer Kleinstquadrateschätzung zu unterwerfen. Im Anschluss daran werden – unter der Voraussetzung normalverteilter Störgrößen – verschiedene Modellannahmen getestet.

8.1 Regressionsmodell und Kleinstquadrateschätzung

ZIEL: Erklärung abhängiger Variablen.

DATEN: Matrizen $\mathbf{Y} = (y_{il}) \sim (n,p)$ und $\mathbf{X} = (x_{ij}) \sim (n,k)$ mit $n \geq p + k$ und $\text{Rang}(\mathbf{Y}\ \mathbf{X}) = p + k$, Zeilenvektoren $\mathbf{y}_i' \sim (1,p)$ und $\mathbf{x}_i' \sim (1,k)$ für $i = 1,...,n$ bezogen auf n Objekte, Spaltenvektoren $\mathbf{y}_l \sim (n,1)$ für $l = 1,...,p$ und $\mathbf{x}_j \sim (n,1)$ für $j = 1,...,k$ bezogen auf p bzw. k quantitative Eigenschaftsvariablen y_l, $l = 1,...,p$ bzw. x_j, $j = 1,...,k$. Üblicherweise wird $\mathbf{x}_1 = \mathbf{1} \sim (n,1)$, d.h. als Einsvektor vorausgesetzt.

VORBEREITUNG: Eventuell vor Verfahrensbeginn Standardisierung der Datenmatrizen $\mathbf{Y}$ und $\mathbf{X}$ gemäß Gleichung (2.1) in Abschnitt 2.1.

MODELL: Regressionsansatz für Variablen y_l, d.h. für Spaltenvektoren $\mathbf{y}_l$ der Matrix $\mathbf{Y}$

$$\mathbf{y}_l = \mathbf{X}\beta_l + \mathbf{u}_l = \left(\sum_{j=1}^{k} x_{ij}\beta_{jl} + u_{il}\right) \sim (n,1)$$

für l = 1,...,p **(8.1)**

mit $\mathbf{B} = (\beta_{jl}) \sim (k,p)$, $\mathbf{U} = (u_{il}) \sim (n,p)$, $E(\mathbf{U}) = \mathbf{O} \sim (n,p)$, $E(\mathbf{u}_l\mathbf{u}_{l'}') = \sigma_{ll'}\mathbf{I} \sim (n,n)$ für l,l′ = 1,...,p, $E(\mathbf{u}_i\mathbf{u}_i') = \Sigma = (\sigma_{ll'}) \sim (p,p)$ für i = 1,...,n und $\sigma_{ll} = \sigma_l^2$ für l = 1,...,p. Dabei stehen $\mathbf{u}_i' \sim (1,p)$ für einen Zeilenvektor von **U**, **O** bzw. **I** für eine Null- bzw. Einheitsmatrix.

Hinweis: In Gleichung (8.1) beziehen sich die Spaltenvektoren $\mathbf{x}_j$ der Matrix **X** auf deterministische Variablen x_j, j = 1,...,k. Entsprechend beziehen sich die Spaltenvektoren $\mathbf{u}_l$ auf zufallsabhängige Störgrößen u_l, l = 1,...,p. Diese besitzen verschwindende Erwartungswerte, gegebenenfalls unterschiedliche Varianzen σ_l^2. u_l und $u_{l'}$ dürfen annahmegemäß für $l \neq l'$ korreliert sein. Unter diesen Annahmen ergibt sich der Erwartungswertvektor $E(\mathbf{y}_l) = \mathbf{X}\beta_l \sim (n,1)$ und die Varianzkovarianzmatrix $E((\mathbf{y}_l - \mathbf{X}\beta_l)(\mathbf{y}_{l'} - \mathbf{X}\beta_{l'})') = \sigma_{ll'}\mathbf{I} \sim (n,n)$ für l,l′ = 1,...,p. Vgl. dazu das Modell der Faktorenanalyse in Gleichung (5.1) von Abschnitt 5.1.

VERFAHREN: Schätzung der Vektoren β_l und der Varianzen bzw. Kovarianzen $\sigma_{ll'}$ über

$$\hat{\beta}_l = (\mathbf{X}'\mathbf{X})^{-1}\mathbf{X}'\mathbf{y}_l \sim (k,1) \text{ für } l = 1,\ldots,p \text{ und} \quad \mathbf{(8.2)}$$

$$\hat{\sigma}_{ll'} = (\mathbf{y}_l - \mathbf{X}\hat{\beta}_l)'(\mathbf{y}_{l'} - \mathbf{X}\hat{\beta}_{l'})/(n-k)$$

für l,l′ = 1,...,p. **(8.3)**

Hinweis: Unter den Modellannahmen sind die Kleinstquadrateschätzungen aus Gleichung (8.2) erwartungstreu, d.h. $E(\hat{\beta}_l) = \beta_l$ für l = 1,...,p. Analog gilt für die

Schätzungen aus Gleichung (8.3) $E(\hat{\sigma}_{ll'}) = \sigma_{ll'}$ für l,l′ = 1,...,p. Die Varianzkovarianzmatrizen der Vektoren $\hat{\beta}_l$ und $\hat{\beta}_{l'}$ liegen damit bei

$$E((\hat{\beta}_l - \beta_l)(\hat{\beta}_{l'} - \beta_{l'})') = \sigma_{ll'}(\mathbf{X}'\mathbf{X})^{-1} \sim (k,k)$$

für l,l′ = 1,...,p. **(8.4)**

Wird für $\sigma_{ll'}$ in Gleichung (8.4) die jeweilige Schätzung $\hat{\sigma}_{ll'}$ aus Gleichung (8.3) eingesetzt, ergeben sich für die Kleinstquadrateschätzungen $\hat{\beta}_l$ und $\hat{\beta}_{l'}$ geschätzte Varianzen bzw. Kovarianzen.

Neben diesen Standardergebnissen für univariate Regressionsanalysen gilt: Auch bei Berücksichtigung von Kovarianzen $\sigma_{ll'} \neq 0$ für $l \neq l'$ sind die Vektoren $\hat{\beta}_l$ aus Gleichung (8.2) beste lineare unverzerrte Schätzungen. Eine verallgemeinerte Kleinstquadrateschätzung, bei der die Vektoren β_l, l = 1,...,p gleichzeitig und damit unter Einbeziehung der Matrix Σ geschätzt werden, reduziert sich nämlich auf Gleichung (8.2) (vgl. z.B. Mardia et al. (1979, S. 173)). Damit entspricht eine multivariate Regressionsanalyse mit p abhängigen Variablen gerade p einzelnen <u>univariaten</u> Regressionsanalysen.

BEISPIEL: Unter den quantitativen Eigenschaftsvariablen aus *Tabelle 1.1* in Abschnitt 1.1.1 lassen sich die Variablen *leben* und *alpha* als p = 2 abhängige Variablen spezifizieren. Zur Erklärung dieser Variablen können die Variablen *wasser*, *gesund* und *gewicht* als k – 1 = 3 unabhängige Variablen dienen. Das spezifizierte Regressionsmodell behauptet eine Abhängigkeit der Mängel in Lebenserwartung und Alphabetisierung von Mängeln in der privaten und öffentlichen Versorgung. Mit den n = 77 Beobachtungen der genannten Variablen bietet *Tabel-*

le 1.1 dann einen Datensatz, wie er für multivariate Regressionsanalysen benötigt wird. Für Schätz- und Testzwecke bilden die Werte der abhängigen Variablen das Ergebnis einer einfachen Zufallsstichprobe. Es wird also insbesondere davon ausgegangen, dass die Beobachtungen der abhängigen Variablen Werte unabhängig identisch verteilter Zufallsvariablen sind.

In SPSS steht für multivariate Regressionsanalysen die Prozedur GLM zur Verfügung, für univariate Regressionsanalysen die Prozedur REGRESSION. Beide liefern für das genannte Beispiel naturgemäß identische Schätzergebnisse:

Tabelle 8.1: Geschätzte Regressionskoeffizienten und Standardabweichungen

Abh. Variable	*leben*			*alpha*		
Parameter	B	Beta	Standard-fehler	B	Beta	Standard-fehler
Konstante	3,649		2,241	11,127		4,574
wasser	0,276	0,461	0,060	0,039	0,039	0,123
gesund	0,168	0,286	0,055	0,204	0,206	0,112
gewicht	0,129	0,128	0,097	0,706	0,415	0,198

Tabelle 8.1 enthält in der B-Spalte die Vektoren $\hat{\beta}_l$ gemäß Gleichung (8.2). Die Beta-Spalte gibt jeweils geschätzte Regressionskoeffizienten für den Fall an, dass abhängige und unabhängige Variablen vor der Kleinstquadrateschätzung standardisiert werden. Unter der Rubrik Standardfehler finden sich geschätzte Standardabweichungen $s_{\hat{\beta}_{jl}}$ für Elemente des jeweiligen Vektors $\hat{\beta}_l$. Zu deren Berechnung wird $\hat{\sigma}_{ll}$ aus Gleichung (8.3) für σ_{ll} in Gleichung (8.4) eingesetzt und aus dem Ergebnis die positive Quadratwurzel gezogen.

Die durchgeführten univariaten Regressionen sind mit folgenden Bestimmtheitsmaßen verbunden: $R_1^2 = 0{,}529$ bei der Erklärung der Variable *leben* und $R_2^2 = 0{,}309$ bei der Erklärung der Variable *alpha.* Während diese Kennzahlen univariater Regressionsanalysen zum standardmäßigen Ergebnis der SPSS-Prozeduren GLM und REGRESSION gehören, können Kennzahlen multivariater Regressionen offensichtlich nur bei Anwendung der Prozedur GLM ausgewiesen werden. Hier finden sich für das betrachtete Beispiel zusätzliche Eintragungen aus *Tabelle 8.2.*

Tabelle 8.2: Wilks´ Lambda und F-Werte

Variable	*Konstante*	*wasser*	*gesund*	*gewicht*	gesamt
Wilks´ Lambda	0,924	0,726	0,886	0,847	0,399
F	2,980	13,606	4,627	6,523	14,007

Tabelle 8.2 beleuchtet die Bedeutung der unabhängigen Variablen bei der Erklärung der Variablen *leben* und *alpha.* Die letzte Spalte von *Tabelle 8.2* wiederholt dabei ein Ergebnis aus *Tabelle 7.1* in Abschnitt 7.1, stellt also eine Verbindung zur kanonischen Korrelation her.

INTERPRETATION: Wie aus dem Ansatz jeder Regressionsanalyse offensichtlich, muss sich auch die Interpretation multivariater Regressionsanalysen vor allem der Bedeutung unabhängiger Variablen für die gewünschte Erklärung widmen. Dazu sind zuerst Bestimmheitsmaße und geschätzte Beta-Koeffizienten für die einzelnen univariaten Regressionen zu betrachten. Bestimmtheitsmaße geben wie üblich an, wieviel Prozent der Stichprobenvarianz der jeweiligen abhängigen Variable durch die unabhängigen Variablen erklärt wird. Die Beträge der geschätzten Beta-Koeffizienten zeigen, welche Bedeutung die einzelnen unabhängigen Variablen bei dieser Erklärung haben. Geschätzte Beta-Koeffizienten ergeben sich modellbedingt aus geschätzten Regressionskoeffizienten, indem diese mit der Stichprobenstandardabweichung der betreffenden unabhängigen Variable multipliziert und durch die Stichprobenstandardabweichung der jeweiligen abhängigen Variable dividiert werden.

Im Beispiel zeigen die ausgewiesenen Bestimmtheitsmaße insbesondere Probleme bei der Erklärung der Variable *alpha* an, liegt R^2 dort doch weit unter 50%. Mit Blick auf die geschätzten Beta-Koeffizienten in *Tabelle 8.1* erweist sich bei der Erklärung von *alpha* die Variable *gewicht* als die bedeutendste. Bei der Erklärung der Variable *leben* gilt dies für die Variable *wasser*.

Wird für die Störgrößen und damit für die abhängigen Variablen jeweils eine Normalverteilung unterstellt, besteht die Möglichkeit von Intervallschätzungen für Elemente der Vektoren β_l, $l = 1,\dots,p$ aus Gleichung (8.1). Die zugehörigen Intervallgrenzen ergeben sich wie üblich, indem vom jeweiligen Element des Vektors $\hat{\beta}_l$ ausgehend, ein Vielfaches des zugehörigen Standardfehlers addiert bzw. subtrahiert wird. Hintergrund für dieses Verfahren ist natürlich, dass unter den Modellannahmen bei normalverteilten abhängigen Variablen y_l die Quotienten $(\hat{\beta}_{jl} - \beta_{jl})/s_{\hat{\beta}_{jl}}$ als t-verteilte Zufallsvariablen mit n – k Freiheitsgraden aufzufassen sind. Auf diesen Zufallsvariablen lassen sind natürlich auch Tests begründen, die in Abschnitt 8.2 vorgestellt werden.

Nach Abschnitt 1.3.1 kann für die abhängigen Variablen *leben* und *alpha* von einer Normalverteilung ausgegangen und damit ein Beispiel für die genannte Intervallschätzung angegeben werden. Wird das Konfidenzniveau $1 - \alpha = 0{,}95$ gewählt, findet sich nach *Tabelle 8.1* z.B. für den Koeffizienten der Variable *wasser* bei der Erklärung der Variable *leben* eine Intervallschätzung mit Grenzen von ungefähr $0{,}276 \pm 2 * 0{,}060$. Der dafür benötigte Prozentpunkt der t-Verteilung mit $n - k = 73$ Freiheitsgraden liegt bei $t_{n-k,1-\alpha/2} \approx 2$.

Für multivariate Regressionen interessanter sind jedoch Eintragungen wie in *Tabelle 8.2*. Die dort aufgeführten Werte von Wilks´ Lambda bzw. der F-Statistik beleuchten die multivariate Bedeutung der unabhängigen Variablen x_j, j = 2,...,k. Sie vergleichen jeweils die Summe der Residuenquadrate zweier multivariater Regressionen: Dabei ist einmal die Variable x_j neben allen anderen unabhängigen Variablen aufgenommen, ein anderes Mal bleibt diese Variable als einzige unberücksichtigt. Werden alle k – 1 unabhängigen Variablen einbezogen, ergibt sich dafür als Matrix geschätzter Regressionskoeffizienten

$$\hat{B} = \mathbf{S}_{22}^{-1}\mathbf{S}_{21} \sim (k\text{-}1,p). \qquad \textbf{(8.5)}$$

Gleichung (8.5) geht durch Zusammenfassung aus Gleichung (8.2) hervor, wenn dort die jeweiligen Konstanten außer Betracht bleiben. In Anlehnung an *Kapitel 7* stehen dabei $\mathbf{S}_{22} \sim$ (k-1,k-1) bzw. $\mathbf{S}_{21} \sim$ (k-1,p) für die Varianzkovarianzmatrix der Variablen x_j, j = 2,...,k bzw. die Matrix der Kovarianzen zwischen diesen Variablen und den abhängigen Variablen y_l, l = 1,...,p. Für die über die multivariate Regression vorhergesagten Variablen $\hat{y}_l$ ergeben sich nach Gleichung (8.2) Vektoren $\hat{y}_l = \mathbf{X}(\mathbf{X}'\mathbf{X})^{-1}\mathbf{X}'\mathbf{y}_l \sim (n,1)$, l = 1,...,p. Mit Gleichung (8.5) ist danach

$$S_{Y\hat{Y}} = \mathbf{S}_{12}\mathbf{S}_{22}^{-1}\mathbf{S}_{21} \sim (p,p) \qquad \textbf{(8.6)}$$

die Matrix der Kovarianzen zwischen den Variablen y_l und $\hat{y}_l$, l = 1,...,p und damit der durch die multivariate Regression erklärte Teil einer Streuungszerlegung von $\mathbf{S}_{11} \sim$ (p,p), der Varianzkovarianzmatrix der Variablen y_l. Analog zu Gleichung (8.6) kann $S^{j}_{Y\hat{Y}} \sim$ (p,p) den entsprechenden erklärten Teil für den Fall bezeichnen, dass bei der multivariaten Regression die Variable x_j nicht einbezogen wird. Damit lässt sich Wilks´

Lambda als Quotient aus den Determinanten der jeweils nicht erklärten Teile definieren, d.h. als

$$\Lambda_j = |\mathbf{S}_{11} - S_{Y\hat{Y}}| / |\mathbf{S}_{11} - S^{j}_{Y\hat{Y}}| \text{ für } j = 2,...,k. \qquad \textbf{(8.7)}$$

Definitionsgemäß zeigt ein „kleiner" Wert von Λ_j an, dass der Variable x_j eine „große" Bedeutung bei der Erklärung der abhängigen Variablen zukommt.

Wird in der multivariaten Regression statt auf eine gleich auf alle unabhängigen Variablen x_j, $j = 2,...,k$ verzichtet, ergibt sich als Spezialfall von Gleichung (8.7) $\Lambda_j = \Lambda$ und damit Wilks´ Lambda aus Gleichung (7.7) (vgl. Abschnitt 7.1). Gleichung (7.7) beleuchtet auch den Fall $k = 2$, d.h. einer multivariaten Regression mit x_2 als einziger unabhängigen Variable. Dafür gilt dann in Gleichung (8.7) entsprechender Schreibweise $\Lambda_2 = |S_{22} - S_{X\hat{X}}| / |S_{22}|$ mit S_{22} und $S_{X\hat{X}}$ als Skalaren. Bezüglich der Berechnung von Wilks´ Lambda ist die multivariate Regression mit den abhängigen Variablen y_l also äquivalent zur univariaten mehrfachen linearen Umkehrregression, d.h. mit x_2 als abhängiger und den y_l, $l = 1,...,p$ als unabhängigen Variablen. Für das Bestimmtheitsmaß R^2 einer solchen Regression gilt definitionsgemäß $R^2 = 1 - \Lambda_2$ (vgl. auch Linder und Berchtold (1982, S. 158f)).

Soll in multivariaten Regressionen auf eine einzige unabhängige Variable verzichtet werden, ist dies gleichbedeutend mit einer einzigen linearen Nebenbedingung. Diese verlangt dann in der Koeffizientenmatrix **B** eine Nullzeile. Eine wie in *Tabelle 8.2* ausgewiesene F-Statistik hängt in diesem Fall direkt von Λ_j aus Gleichung (8.7) ab. Es gilt für die Werte F_j dieser Statistik (vgl. Mardia et al. (1979, S. 162 und S. 83))

$$F_j = (n - k - p + 1)(1 - \Lambda_j)/(p\Lambda_j) \text{ für } j = 1,...,k. \qquad \textbf{(8.8)}$$

Gleichung (8.8) erstreckt sich bei $j = 1$ auch auf den Fall einer multivariaten Regression ohne Konstanten. Für diesen Fall ist

Wilks´ Lambda in Gleichung (8.7) so zu modifizieren, dass alle betrachteten Variablen unzentriert bleiben. Naturgemäß zeigen „große“ Werte der F-Statistik für die betreffenden unabhängigen Variablen ein „großes“ Gewicht bei der Erklärung der abhängigen Variablen an.

Eine direkte Beziehung zwischen Wilks´ Lambda und einer F-Statistik besteht im betrachteten Beispiel auch für den Fall, dass auf alle unabhängigen Variablen verzichtet wird. Liegen nämlich nur p = 2 abhängige Variablen vor, gilt

$$F = 2(n - k - 1)(1 - \Lambda^{1/2})/(2(k - 1)\Lambda^{1/2}) \qquad \textbf{(8.9)}$$

(vgl. Mardia et al. (1979, S. 162 und S. 83)).

Gleichung (8.8) und Gleichung (8.9) werden bei n = 77, k = 4 und p = 2 von den Elementen aus *Tabelle 8.2* erfüllt. Danach kommt allen unabhängigen Variablen gemeinsam, d.h. den Mängeln in der privaten und öffentlichen Versorgung, eine entscheidende Bedeutung bei der Erklärung der abhängigen Variablen, d.h. Mängeln in Lebenserwartung und Alphabetisierung, zu (F = 14,007). Unter den F_j liegt F_1, d.h. der Wert der F-Statistik für die Konstanten, besonders niedrig.

8.2 Testverfahren

Klassische Testverfahren benötigen jeweils normalverteilte Zufallsvariablen. Entsprechende Testverfahren gilt es hier im Zusammenhang von univariaten bzw. multivariaten Regressionsmodellen vorzustellen. Dazu werden die Modellannahmen aus Gleichung (8.1) in Abschnitt 8.1 wie folgt erweitert:

ERGÄNZUNG: Für die Störgrößen u_l, $l = 1,...,p$ gelte $u_l \sim N$, d.h. u_l ist normalverteilt.

Nach Abschnitt 1.3.1 kann für abhängige Variablen und damit auch für die Störgrößen des in Abschnitt 8.1 vorgestellten Beispiels eine

Normalverteilung unterstellt werden. Die entsprechenden Testverfahren lassen sich danach am Beispiel illustrieren.

a) **F-Test**: Univariate Prüfung des Einflusses aller unabhängigen Variablen

Unter den Tests für univariate Regressionsmodelle ist zuerst der übliche F-Test zu nennen. Dieser Test prüft, ob die unabhängigen Variablen gemeinsam zur Erklärung der jeweiligen abhängigen Variable beitragen. Hypothese H und Gegenhypothese G lauten für l = 1,...,p:

$$\text{H: } \beta_{2l} = \ldots = \beta_{kl} = 0 \qquad \text{G: nicht H.} \tag{8.10}$$

Die Hypothese H aus Gleichung (8.10) wird beim Signifikanzniveau α verworfen, wenn gilt:

$$F_l = (n-k)R_l^2/((k-1)(1-R_l^2)) > F^{k-1}_{n-k,1-\alpha}. \tag{8.11}$$

Die vom Bestimmtheitsmaß R_l^2 der jeweiligen univariaten Regression abhängige Testgröße F_l aus Gleichung (8.11) genügt unter den Modellannahmen und bei Gültigkeit von H einer F-Verteilung mit k – 1 Zähler- und n – k Nennerfreiheitsgraden. Auf der rechten Seite von Ungleichung (8.11) steht der (1 - α)-Prozentpunkt einer entsprechend F-verteilten Zufallsvariable.

Für das diskutierte Beispiel ergeben sich die Testentscheidungen aus den Angaben der SPSS-Prozedur REGRESSION. Diese weist neben den nach Gleichung (8.11) mit k – 1 = 3 und n – k = 73 berechneten Werten F_1 = 27,338 bzw. F_2 = 10,870 für die Erklärung der Variable *leben* bzw. *alpha* auch empirische Signifikanzniveaus, sogenannte p-Werte, aus.

P-Werte sind Wahrscheinlichkeiten α, die eine Ungleichung wie (8.11) bei gegebener linker Seite zu einer Gleichung werden lassen. Liegt ein ausgewiesener p-Wert unterhalb des gewählten theoretischen Signifikanzniveaus α, ist damit eine Ungleichung wie (8.11) erfüllt und die aufgestellte Hypothese folglich abzulehnen.

Im Beispiel belaufen sich die zu F_1 bzw. F_2 gehörenden p-Werte auf jeweils p = 0,000. Damit ist dann der gemeinsame Einfluss der unabhängigen Variablen *wasser*, *gesund* und *gewicht* auf die Variable *leben* bzw. *alpha* statistisch nachgewiesen.

b) **t-Test**: Univariate Prüfung des Einflusses einzelner unabhängiger Variablen

Zum statistischen Nachweis des Einflusses einzelner unabhängiger Variablen in univariaten Regressionen können t- oder F-Tests durchgeführt werden. Hier gilt es, getrennt für l = 1,...,p und j = 1,...,k folgende Hypothesen zu untersuchen:

$$H: \beta_{jl} = 0 \qquad G: \beta_{jl} \neq 0. \qquad \textbf{(8.12)}$$

Die Hypothese H aus Gleichung (8.12) ist dann zu verwerfen, wenn

$$|T| = |\hat{\beta}_{jl} / s_{\hat{\beta}_{jl}}| > t_{n-k,1-\alpha/2}. \qquad \textbf{(8.13)}$$

Unter Modellannahmen und der Hypothese H genügt die Testgröße T aus Gleichung (8.13) einer t-Verteilung mit n – k Freiheitsgraden, ihr Quadrat definitionsgemäß einer F-Verteilung mit einem Zähler- und n – k Nennerfreiheitsgraden. So steht auf der rechten Seite von Ungleichung (8.13) der (1 - α/2)-Prozentpunkt einer entsprechend t-verteilten Zufallsvariable.

Für das betrachtete Beispiel können die empirischen T-Werte aus den B- und Standardfehlerspalten von *Tabelle 8.1* berechnet werden. Während die SPSS-Prozedur REGRESSION diese T-Werte ausweist, gehören zur Ausgabe der SPSS-Prozedur GLM ihre jeweiligen Quadrate als F-Werte. Da auch jeweils die zugehörigen p-Werte angezeigt werden, fällt eine Testentscheidung leicht. Wird das Signifikanzniveau α = 0,05 gewählt, sind bei der Erklärung der Variable *leben* die Koeffizienten der Variablen *wasser* und *gesund*, bei der Erklärung der Variable *alpha* die Konstante und der Koeffizient der Variable *gewicht* signifikant von null verschieden.

c) **χ^2- oder F-Test**: Multivariate Prüfung des Einflusses aller unabhängigen Variablen

Ergebnisse von Tests in univariaten Regressionsmodellen lassen naturgemäß nicht die multivariate Bedeutung unabhängiger Variablen erkennen. Hier sind gesonderte Tests erforderlich. Wird zuerst wieder der gemeinsame Einfluss der unabhängigen Variablen untersucht, gilt es, folgende Hypothesen zu prüfen:

$$H: \beta_{jl} = 0 \text{ für } l = 1,\ldots,p \text{ und } j = 2,\ldots,k$$

$$G: \text{nicht } H \qquad \textbf{(8.14)}$$

Offensichtlich geht die Hypothese in Gleichung (8.14) aus derjenigen in Gleichung (8.10) hervor, wenn verschiedene Variablen y_l gleichzeitig betrachtet werden. H aus Gleichung (8.14) ist zu verwerfen, wenn

$$X^2 = -\,(n - 0{,}5(p + k + 2))\ln\Lambda > \chi^2_{p(k-1),1-\alpha}. \qquad \textbf{(8.15)}$$

Wird für Λ in Gleichung (8.15) Wilks'Lambda aus Gleichung (7.7) (vgl. Abschnitt 7.1) eingesetzt, ist die Testgröße X^2 unter den Modellannahmen und der Hypothese H nach Bartlett approximativ χ^2-verteilt mit p(k – 1) Freiheitsgraden (vgl. Linder und Berchtold (1982, S. 167) sowie Mardia et al. (1979, S. 84 und S. 136)). Die rechte Seite von Ungleichung (8.15) ist daher der (1 - α)-Prozentpunkt einer entsprechend χ^2-verteilten Zufallsvariable. Liegt speziell der Fall p = 2 vor, kann auf eine Approximation verzichtet und Ungleichung (8.15) wie folgt ersetzt werden:

$$F > F^{2(k-1)}_{2(n-k-1),1-\alpha}\,. \qquad \textbf{(8.16)}$$

In Ungleichung (8.16) ist für die Testgröße F das von Wilks' Lambda abhängige F aus Gleichung (8.9) in Abschnitt 8.1 einzusetzen. Diese Testgröße ist unter den Modellannahmen und der Hypothese H F-verteilt mit 2(k – 1) Zähler- und 2(n – k – 1) Nennerfreiheitsgraden (vgl. Mardia et al. (1979, S. 83)). Auf der rechten Seite von Ungleichung

(8.16) findet sich daher der (1 - α)-Prozentpunkt einer entsprechend F-verteilten Zufallsvariable.

Da im betrachteten Beispiel nur p = 2 abhängige Variablen auftauchen, kann zum Test der Hypothesen aus Gleichung (8.14) die Ungleichung (8.16) benutzt werden. Der zugehörige F-Wert von F = 14,007 ist *Tabelle 8.2* zu entnehmen. Der betreffende p-Wert als empirisches Signifikanzniveau ist mit p = 0,000 in der „gesamt"-Spalte von *Tabelle 8.3* zu finden.

Tabelle 8.3: p-Werte von F-Tests

Variable	*Konstante*	*wasser*	*gesund*	*gewicht*	gesamt
Signifikanz	0,057	0,000	0,013	0,002	0,000

Tabelle 8.3 ergänzt *Tabelle 8.2* um Testaspekte. Die darin auf einzelne Variablen bezogenen p-Werte werden von der SPSS-Prozedur GLM angezeigt, der „gesamt"-Wert vom SPSS-Macro CANCORR zur kanonischen Korrelationsanalyse. Bei $p < \alpha = 0{,}05$ ist damit der gemeinsame Einfluss der Variablen *wasser*, *gesund* und *gewicht* auf die abhängigen Variablen *leben* und *alpha* statistisch nachgewiesen.

d) **F-Test**: Multivariate Prüfung des Einflusses einzelner unabhängiger Variablen

Der Einfluss einzelner unabhängiger Variablen kann wieder über F-Tests erfasst werden. Im multivariaten Fall sind hier für j = 2,...,k folgende Hypothesen zu testen:

$$H: \beta_{j1} = \ldots = \beta_{jp} = 0 \qquad G: \text{nicht } H. \tag{8.17}$$

Die Hypothese H aus Gleichung (8.17) ist dann zu verwerfen, wenn

$$F_j > F^{p}_{n-k-p+1,1-\alpha}\,. \tag{8.18}$$

Für die Testgröße F_j in Ungleichung (8.18) ist das von Λ_j (vgl. Wilks' Lambda in Gleichung (8.7)) abhängige F_j aus Gleichung (8.8) in Abschnitt 8.1 einzusetzen. F_j ist unter Modellannahmen und der Hypothese H F-verteilt mit p Zähler- und $n - k - p + 1$ Nennerfreiheitsgraden (vgl. Mardia et al. (1979, S. 83)). Auf der rechten Seite von Ungleichung (8.18) steht demnach der $(1 - \alpha)$-Prozentpunkt einer entsprechend F-verteilten Zufallsvariable.

Über die Hypothesen aus Gleichung (8.17) kann für das Beispiel mit *Tabelle 8.3* direkt entschieden werden. Wird wieder mit $\alpha = 0{,}05$ gearbeitet, ist nach *Tabelle 8.3* der Einfluß der Variablen *wasser*, *gesund* und *gewicht* statistisch gesichert. Lediglich die Hypothese verschwindender Konstanten kann nicht abgelehnt werden.

e) χ^2-**Test**: Multivariate Prüfung auf Sphärizität der Störgrößen

Nachdem Hypothesen über Regressionskoeffizienten geprüft worden sind, soll abschließend eine andere Modellannahme getestet werden. Im spezifizierten Regressionsmodell sind Korrelationen zwischen den Störgrößen u_l und $u_{l'}$ für $l \neq l'$, daneben für $l \neq l'$ auch Unterschiede zwischen den Varianzen σ_l^2 und $\sigma_{l'}^2$ dieser Störgrößen zugelassen. Ob solche Korrelationen oder Varianzunterschiede vorliegen, lässt sich mit einem nach Bartlett benannten Test statistisch nachweisen. Getestet werden die folgenden Hypothesen:

$$H: \Sigma = c\mathbf{I} \sim (p,p) \qquad G: \text{nicht } H. \tag{8.19}$$

In Gleichung (8.19) bezeichnet c eine Proportionalitätskonstante, **I** die Einheitsmatrix. Die Hypothese H aus Gleichung (8.19) ist dann zu verwerfen, wenn

$$(np)\ln(a_0/g_0) > \chi^2_{(p-1)(p+2)/2,\ 1-\alpha}. \tag{8.20}$$

In der Testgröße auf der linken Seite von Ungleichung (8.20) stehen a_0 bzw. g_0 für das arithmetische bzw. geometrische Mittel der Eigenwerte von $(n-1)/n\mathbf{S} \sim (p,p)$ mit $\mathbf{S} \sim (p,p)$ als Varianzkovarianzmatrix der untersuchten Variablen. Sind die untersuchten Variablen wie hier unbeobachtbare Störgrößen u_l, $l = 1,\ldots,p$ in einem multivariaten Regressionsmodell, kommen die Elemente der Matrix **S** aus Gleichung (8.3) in Abschnitt 8.1, nachdem dort zuvor mit $(n-k)/(n-1)$ multipliziert worden ist. Die Testgröße aus Ungleichung (8.20) ist unter Modellannahmen und der Hypothese H approximativ χ^2-verteilt mit (p – 1)(p + 2)/2 Freiheitsgraden (vgl. Mardia et al. (1979, S. 134)). Entsprechend findet sich auf der rechten Seite von Ungleichung (8.20) auch der (1 - α)-Prozentpunkt einer χ^2-verteilten Zufallsvariable.

Zur besseren Approximation an die genannte χ^2-Verteilung wird die Testgröße aus Ungleichung (8.20) von Bartlett noch geeignet transformiert. Dabei wird im betrachteten Fall der Faktor n durch n-k ersetzt. Anschließend erfolgt eine Multiplikation mit der Konstante $\gamma = 1 - (2p + 1 + 2/p)/(6(n - k))$ (vgl. Rencher (1995, S. 274f)).

In SPSS ermöglicht die Prozedur GLM einen derartigen Bartlett-Test. Das Beispiel mit p = 2 abhängigen Variablen führt für die Testgröße auf eine χ^2-Verteilung mit zwei Freiheitsgraden. Der ausgewiesene Wert der Testgröße liegt bei 59,612; der ausgewiesene p-Wert bei p = 0,000. Die Hypothese der Sphärizität der Störgrößen ist damit statistisch widerlegt.

Natürlich können insbesondere im Rahmen univariater Regressionsmodelle noch weitere Annahmen über die Verteilung der Störgrößen getestet werden. Zu nennen ist insbesondere die Annahme $E(\mathbf{u}_l\mathbf{u}_l') = \sigma_l^2\mathbf{I}$, also die Unterstellung homoskedastischer unkorrelierter Störgrößen u_{il}, i = 1,...,n. Zu einer diesbezüglichen Modelldiagnose sei auf Kockläuner (1988, S. 53ff) verwiesen.

Exkurs B: Conjointanalyse

Conjointanalysen sind multivariate Regressionsanalysen für qualitative Variablen. Während die unabhängigen Variablen nominal oder ordinal skalierte Eigenschaftsvariablen sein dürfen, müssen die abhängigen Variablen ordinal skalierte Präferenzvariablen sein. Insbesondere gilt es, aus Beobachtungen der Präferenzvariablen die darin zum Ausdruck kommende Bedeutung einzelner Ausprägungen der Eigenschaftsvariablen zu ermitteln. Der Name Conjointanalyse kennzeichnet die somit vorgenommene Verbundmessung.

ZIEL: Quantifizierung qualitativer Eigenschaftsvariablen.

DATEN: Matrizen $\mathbf{Y} = (y_{il}) \sim (n,p)$ und $\mathbf{X} = (x_{ij}) \sim (n,k)$ mit $n \geq k^*$ als Anzahl einzuführender Dummyvariablen (siehe unten) und $\text{Rang}(\mathbf{X}) = k$, Zeilenvektoren $\mathbf{y}_i' \sim (1,p)$ und $\mathbf{x}_i' \sim (1,k)$ für $i = 1,...,n$ bezogen auf n Objekte, Spaltenvektoren $\mathbf{y}_l \sim (n,1)$ für $l = 1,...,p$ bezogen auf ordinal skalierte Präferenzvariablen y_l, $l = 1,...,p$ sowie Spaltenvektoren $\mathbf{x}_j$, $j = 1,...,k$ bezogen auf qualitative Eigenschaftsvariablen x_j, $j = 1,...,k$. Werden alle Variablen x_j als ordinal skaliert aufgefaßt, soll gelten: Die Rangkorrelation zwischen x_j und $x_{j'}$ liegt für $j \neq j'$ bei null.

VORBEREITUNG: Eventuell Erstellung der Matrix $\mathbf{X}$ über ein orthogonales Design. Dazu werden mit Mitteln der statistischen Versuchsplanung n Objekte so ausgewählt, dass die Rangkorrelation zwischen den Variablen x_j und $x_{j'}$ für $j \neq j'$ jeweils null beträgt. Nominal skalierte Eigenschaftsvariablen sind dabei zuvor auf eine Ordinalskala anzuheben. Liegen n_j verschiedene Ausprägungen der Variable x_j vor, gibt es insgesamt $\prod_{j=1}^{k} n_j$ Objektalternativen, die ausgewählt werden können.

Darstellung der Designmatrix als $\mathbf{X} = (\mathbf{G}_1\mathbf{w}_1 \ldots \mathbf{G}_k\mathbf{w}_k)$. Darin beziehen sich die Spalten der Indikatormatrix $\mathbf{G}_j \sim (n,n_j)$ auf Dummyvariablen x_{j*}, $j^* = 1,\ldots,n_j$. Diese sind getrennt für jede der n_j verschiedenen Ausprägungen der Variable x_j definiert. Sie besitzen für Objekte mit der Ausprägung w_{j*} von x_j den Wert eins, sonst den Wert null. Die Ausprägungen w_{j*} sind im Vektor $\mathbf{w}_j \sim (n_j,1)$, $j = 1,\ldots,k$ zusammengefasst. Ohne Beschränkung der Allgemeinheit können diese Ausprägungen als natürliche Zahlen $1,\ldots, n_j$ festgelegt werden, die Ausprägungen der Variablen y_l entsprechend als natürliche Zahlen $1,\ldots,n$.

MODELL: Regressionsansatz für Variablen y_l, d.h. für Spaltenvektoren $\mathbf{y}_l$ der Matrix $\mathbf{Y}$

$$\mathbf{y}_l = \sum_{j=1}^{k} (\mathbf{G}_j\mathbf{w}_j^l)\beta_{jl} + \mathbf{u}_l \sim (n,1) \text{ für } l = 1,\ldots,p \qquad \textbf{(B1)}$$

mit $\mathbf{B} = (\beta_{jl}) \sim (k,p)$, $(\mathbf{G}_j\mathbf{w}_j^l)'\mathbf{1} = 0$ und $\mathbf{w}_j^{l\prime}\mathbf{G}_j'\mathbf{G}_j\mathbf{w}_j^l = n$ für $j = 1,\ldots,k$; $\mathbf{U} = (u_{il}) \sim (n,p)$ mit $E(\mathbf{U}) = \mathbf{O}$ sowie $\mathbf{1} \sim (n,1)$ als Einsvektor und $\mathbf{O} \sim (n,p)$ als Nullmatrix.

Hinweis: In Gleichung (B1) beziehen sich die Spaltenvektoren $\mathbf{u}_l$ auf zufallsabhängige Störgrößen u_l, $l = 1,\ldots,p$ mit verschwindenden Erwartungswerten. Damit sind auch die abhängigen Variablen y_l Zufallsvariablen mit $E(\mathbf{y}_l) = \sum_{j=1}^{k} (\mathbf{G}_j\mathbf{w}_j^l)\beta_{jl} \sim (n,1)$. In Gleichung (B1) können die $k^* = \sum_{j=1}^{k} n_j$ Dummyvariablen x_{j*} als unabhängige Variablen aufgefasst werden. Wird sowohl für diese Variablen als auch für die abhängigen Präferenzvariablen kardinales Skalenniveau unterstellt, liegt ein Regressionsmodell wie in Gleichung (8.1) (vgl. Abschnitt 8.1) vor. In einem solchen Modell sind für $l = 1,\ldots,p$ die Regressionskoeffizienten als Produkte von

Elementen der Vektoren $\mathbf{w_j}^l$ ~ $(n_j,1)$ (vgl. die Vektoren $\mathbf{w_j}$ ~ $(n_j,1)$) mit Koeffizienten β_{jl} für j = 1,...,k spezifiziert.

Das vorliegende Modell kann unter Nutzenaspekten dann wie folgt interpretiert werden: Die Elemente des Vektors $\mathbf{y_l}$ geben für eine Versuchsperson mit der Nummer l, l = 1,...,p den (quantifizierten) Gesamtnutzen betrachteter Objekte an. In den Vektoren $\mathbf{v_j}^l = \beta_{jl}\mathbf{w_j}^l$ ~ $(n_j,1)$ finden sich zugehörige quantifizierte Teilnutzen für die Ausprägungen w_{j*}, $j^* = 1,...,n_j$ der Objektmerkmale x_j, j = 1,...,k.

VERFAHREN: Bestimmung von Anfangsschätzungen $\hat{y}_l$ ~ (n,1) für $\mathbf{y_l}$ und $\hat{w}_j^l$ ~ $(n_j,1)$ für $\mathbf{w_j}^l$, j = 1,...,k und l = 1,...,p. Anfangsschätzungen können sich aus Zufallszahlen zusammensetzen. Alternativ besteht die Möglichkeit, Platzziffern aus $\mathbf{y_l}$ als Elemente von $\hat{y}_l$ anzusetzen. Analog können die Ausprägungen der Variablen x_j, d.h. die Elemente von $\mathbf{w_j}^l$, wie im Vektor $\mathbf{w_j}$ als natürliche Zahlen definiert werden. Diese Zahlen sind dann als Anfangswerte für die Elemente der Vektoren $\hat{w}_j^l$ anzusetzen.

Ausgehend davon für l = 1,...,p <u>iterative</u> <u>Schätzung</u> der Vektoren $\mathbf{v_j}^l = \beta_{jl}\mathbf{w_j}^l$, der Koeffizienten β_{jl} und der Vektoren $\mathbf{w_j}^l$ über

$$\hat{v}_j^l = (\mathbf{G_j}'\mathbf{G_j})^{-1}\mathbf{G_j}'\,\hat{y}_l \sim (n_j,1) \text{ für } j = 1,...,k, \qquad \textbf{(B2)}$$

$$\hat{\beta}_{jl} = \hat{w}_j^{l\,\prime}\mathbf{G_j}'\mathbf{G_j}\,\hat{v}_j^l/n \text{ für } j = 1,...,k, \qquad \textbf{(B3)}$$

$$\hat{w}_j^l = \hat{v}_j^l / \hat{\beta}_{jl} \sim (n_j,1) \text{ für } j = 1,...,k. \qquad \textbf{(B4)}$$

Falls x_j ordinal skaliert, Anwendung monotoner Regression auf die Elemente von $\hat{w}_j^l$, j = 1,...,k. Anschließend Normalisierung von $\hat{w}_j^l$ gemäß Modellannahmen für $\mathbf{G_j w_j}^l$.

Schließlich Berechnung von

$$\hat{y}_l = \sum_{j=1}^{k} (\mathbf{G_j} \hat{w}_j^l) \hat{\beta}_{jl} \sim (n,1) \text{ für } l = 1,...,p. \qquad \textbf{(B5)}$$

Da y_l ordinal skaliert, Anwendung monotoner Regression auf die Elemente von $\hat{y}_l$. Dann Normalisierung von $\hat{y}_l$, d.h. Transformation der Elemente so, dass $\hat{y}_l'\mathbf{1} = 0$ und $\hat{y}_l'\hat{y}_l = n$.

Abbruch des Verfahrens, wenn neue und alte Summen von Residuenquadraten hinreichend nahe beieinander liegen. Residuen sind dabei Abweichungen zwischen normalisierten Elementen von $\hat{y}_l$ vor bzw. nach der monotonen Regression. Ansonsten von Gleichung (B5) Rückkehr zu Gleichung (B2).

Hinweise: Bei monotonen Regressionen im Anschluss an Gleichung (B4) werden die Elemente des Vektors $\hat{w}_j^l$ gegebenenfalls durch Mittelwertbildung so verändert, dass ihre Rangfolge derjenigen im Vektor $\mathbf{w_j}$ entspricht. Analoges erfolgt im Anschluss an Gleichung (B5) mit den Elementen des Vektors $\hat{y}_l$ bezogen auf die Rangfolge im Vektor $\mathbf{y_l}$.

Das vorgestellte Verfahren stellt einen Spezialfall nichtlinearer kanonischer Korrelationsanalysen dar (vgl. van der Kooij und Meulman (1997)). Dabei kann eine gesonderte Betrachtung der jeweils nur aus der Variable y_l bestehenden Variablengruppe entfallen, wenn diese Variable eine Präferenzvariable mit Ausprägungen 1,..., n ist (vgl. Kockläuner (1996)).

Die iterativen Kleinstquadrateschätzungen können nach Abschnitt 8.1 getrennt für jedes l, l = 1,...,p, d.h. getrennt für jede Versuchsperson erfolgen.

BEISPIEL: Für untersuchte Länder sind in *Tabelle 1.1* (vgl. Abschnitt 1.1.1) die k = 2 qualitativen Variablen Region *r* mit $n_1 = 3$ und Gruppe *g* mit $n_2 = 2$ verschiedenen Ausprägungen eingeführt. Es wird zwischen den Regionen Afrika ($r = 1$), Amerika ($r = 2$) und Asien ($r = 3$) unterschieden, entsprechend zwischen einer Gruppe mit niedrigeren ($g = 1$) und höheren Werten ($g = 2$) des Index für menschliche Armut (Variable *hpi*). Die Variable *r* ist danach nominal, die Variable *g* ordinal skaliert.

Mit den Ausprägungen der genannten Variablen lässt sich in SPSS ein orthogonales Design und damit die für Conjointanalysen benötigte Datenmatrix **X** erstellen. *Tabelle B1* enthält neben einem solchen Design die Beurteilung der darin vorhandenen alternativen Objekte durch eine erste Versuchsperson, also den Spaltenvektor $\mathbf{y}_1$ der Datenmatrix **Y**.

Tabelle B1: Designmatrix und Präferenzvektor

Objektnr.	*r*	*g*	Präferenz y_l
1	2	2	5
2	2	1	2
3	1	2	4
4	3	2	6
5	3	1	3
6	1	1	1

Wie *Tabelle B1* zeigt, hat die statistische Versuchsplanung auf $n = n_1 n_2 = 6$ ($>k^*=5$) verschiedene Objekte geführt. Es gilt also $\mathbf{X} \sim (6,2)$ und $\mathbf{y}_1 \sim (6,1)$. *Tabelle B1* enthält damit alle möglichen Paare von Ausprägungen der Variablen *r* und *g*. Jedes dieser Paare steht für ein Land in der jeweiligen Region mit dem jeweiligen Ausmaß menschlicher Armut. Versuchspersonen bringen diese fiktiven Länder nun z.B. hinsichtlich geplanter Kooperationen in eine bestimmte Rangfolge. Wenn hohe Ränge für große Präferenzen stehen, hat nach *Tabelle B1* die erste Versuchsperson Länder mit $g = 2$ gegenüber Ländern mit $g = 1$ vorgezogen, sich daneben auch für eine bestimmte Reihenfolge der Regionen ausgesprochen. Welchen Beitrag die einzelnen Ausprägungen der Variablen *r* bzw. *g* nun zu dieser Gesamtbeurteilung leisten, ergibt die nachfolgende Conjointanalyse.

Eine solche Analyse kann in SPSS mit der Prozedur CATREG, aber auch mit der Prozedur CONJOINT durchgeführt werden. Da die Prozedur CONJOINT nur nominal skalierte Eigenschafts- und auch nur kardinal skalierte Präferenzvariablen verarbeitet, bietet sich hier die Prozedur CATREG an. Diese Prozedur erlaubt die Vereinbarung beliebiger Skalenniveaus und enthält das vorgestellte Verfahren zur Ermittlung quantifizierter Teilnutzen. Mit *Tabelle B1* im Dateneditor von SPSS und natürlichen Zahlen als Startwerten liefert die Prozedur CATREG dann die Elemente von *Tabelle B2*.

Tabelle B2: Geschätzte Koeffizienten

Variable	Beta	Quantifizierung		
r	0,477	-1,225	0	1,225
g	0,879	-1	1	

Tabelle B2 enthält in der Beta-Spalte nach Gleichung (B3) ermittelte Schätzungen für die Elemente des Vektors $\beta_1 \sim (2,1)$ aus Gleichung (B1). Daneben befinden sich als Quantifizierungen die über Gleichung (B4) geschätzten Elemente der Vektoren $\mathbf{w}_1^1 \sim (3,1)$ und $\mathbf{w}_2^1 \sim (2,1)$, bezogen auf Ausprägungen der Variablen *r* bzw. *g*.

INTERPRETATION: Conjointanalysen legen mit der Ermittlung von Teilnutzenwerten einen Schwerpunkt auf Schätzaspekte. Deshalb konzentriert sich die Interpretation der Ergebnisse entsprechender Analysen auch auf Tabellen wie *Tabelle B2*. So spezifiziert Gleichung (B1) Teilnutzenwerte über die Vektoren $v_j^1 = \beta_{jl} w_j^1$, j = 1,...,k. Geschätzte Teilnutzenwerte sind damit geschätzte Regressionskoeffizienten, die sich als Elemente der Vektoren $\hat{v}_j^l = \hat{\beta}_{jl}\ \hat{w}_j^l$, j = 1,...,k in Gleichung (B2) finden (vgl. auch Gleichung (B3) und Gleichung (B4)). Geschätzte Teilnutzenwerte ergeben sich also dadurch, dass in Tabellen wie *Tabelle B2* Elemente der Beta-Spalte mit daneben stehenden Quantifizierungen multipliziert werden.

Im Beispiel kommt damit für die erste Versuchsperson der Ausprägung $g = 2$ mit 0,879*1 = 0,879 der höchste geschätzte Teilnutzen zu (vgl. *Tabelle B2*). Da die Gruppenvariable *g* ordinal skaliert ist und die Normalisierungsbedingungen erfüllt sein müssen, ergibt sich für $g = 1$ ein entsprechend negativer geschätzter Teilnutzen. Analog ist für die Variable Region *r* der höchste geschätzte Teilnutzen bei der Ausprägung $r = 3$ mit 0,477*1,225 = 0,584 zu finden. Die erste Versuchsperson präferiert also - wie bereits aus *Tabelle B1* abzulesen - asiatische Länder mit hohem Ausmaß an menschlicher Armut.

Die Eigenschaftsvariablen x_j einer Conjointanalyse wirken in der Regel unterschiedlich stark auf die abhängige Präferenzvariable y_l ein. So lässt sich die Bedeutung einzelner Variablen x_j an der Spannweite der geschätzten Teilnutzenwerte festmachen, die zu ihren jeweiligen Ausprägungen gehören. Standardverfahren für Conjointanalysen wie die SPSS-Prozedur CONJOINT setzen diese Spannweiten in sogenannte relative Wichtigkeiten um. Darunter sind dann Anteile einzelner Variablen x_j an der Summe aller Spannweiten geschätzter Teilnutzenwerte (gebildet über alle Eigenschaftsvariablen) zu verstehen.

Werden relative Wichtigkeiten im Beispiel berechnet, ergeben sich für die Variablen Region *r* bzw. Gruppe *g* Anteile von 40 bzw. 60%. Die Spannweite geschätzter Teilnutzenwerte von 2*0,879 für die Variable g macht also 60% der Summe entsprechender Spannweiten für beide Variablen aus.

Die Bedeutung einzelner Eigenschaftsvariablen kann aber auch direkt an den Schätzungen $\hat{\beta}_{jl}$ festgemacht werden. Nach Gleichung (B3) in Verbindung mit Gleichung (B2) sind diese Schätzungen Korrelationen zwischen den zu $\mathbf{G}_j \hat{w}_j^l$ und $\hat{y}_l$ gehörenden Variablen. Diese Variablen ergeben sich aus x_j bzw. y_l durch die vorgenommene Quantifizierung. Zu ihnen gehören also Spaltenvektoren, die sich aus $\mathbf{x}_j$ bzw. $\mathbf{y}_l$ ergeben, wenn für die dortigen Ausprägungen gefundene Quantifizierungen eingesetzt werden. Liegt nun wie gefordert ein orthogonales Design vor, gilt für die genannten Korrelationen: Die Summe ihrer Quadrate ist das Bestimmtheitsmaß der untersuchten multiplen linearen Regression.

Tabelle B2 zeigt für das Beispiel mit dem Bestimmtheitsmaß $R^2 = 0{,}477^2 + 0{,}879^2 = 1$ eine optimale Anpassung an. Dazu trägt die Gruppenvariable g mit einem Anteil von $0{,}879^2 = 0{,}772$ bei.

Mit den gefundenen Quantifizierungen als Werten sind die Variablen x_j, $j = 1,...,k$ sowie y_l, $l = 1,...,p$ einer Conjointanalyse quantitativ. Gleichung (B1) ist dann mit Gleichung (8.1) identisch. Bei entsprechenden Annahmen über die Störgrößen u_l, $l = 1,...,p$ können damit im Anschluss an eine Conjointanalyse auch die Testverfahren aus Abschnitt 8.2 Anwendung finden.

Hinweis: Die Prozedur CATREG findet abhängig von jeweiligen Startwerten ein lokales oder das globale Minimum der betrachteten Summe von Residuenquadraten. Werden in CATREG kardinal skalierte Präferenzvariablen spezifiziert, ist das vorgestellte Verfahren für solche Variablen zu erweitern: Quantifizierungen größenmäßig aufeinander folgender Ausprägungen müssen jetzt über identische Abstände verfügen. Bei numerischen Startwerten liegen die Ergebnisse von CATREG-Anwendungen für ordinal bzw. kardinal skalierte Präferenzvariablen in der Regel nahe beieinander. Vgl. auch Kockläuner (1996).

Kapitel 9: Analyse simultaner Strukturgleichungen

In simultanen Strukturgleichungen gilt für abhängige Variablen: Einzelne von ihnen sind gleichzeitig unabhängige Variablen in zumindest einer anderen Gleichung. Simultane Strukturgleichungen stellen damit eine Erweiterung multivariater Regressionsgleichungen dar. Werden simultane Strukturgleichungen für quantitative Eigenschaftsvariablen spezifiziert, entstehen klassische ökonometrische Modelle. Die nachfolgende Darstellung beginnt denn auch mit einer ökonometrischen Analyse. Finden sich in der Spezifikation simultaner Strukturgleichungen latente Variablen, sind die ökonometrischen Modelle um Messmodelle für solche Variablen zu ergänzen. Als Messmodelle werden in der Regel Modelle der Faktorenanalyse gewählt. In ihrer Erweiterung vereinigt die Analyse simultaner Strukturgleichungen demnach multivariate Regressions- mit Faktorenanalysen. Solche Erweiterungen werden als Kovarianzstrukturanalysen im zweiten Teil dieses Kapitels behandelt.

9.1 Ökonometrische Analyse

ZIEL: Erklärung abhängiger Variablen.

DATEN: Matrizen $\mathbf{Y} = (y_{il}) \sim (n,p)$ und $\mathbf{X} = (x_{ij}) \sim (n,k)$ mit $n \geq p + k$ und $\text{Rang}(\mathbf{Y}\ \mathbf{X}) = p + k$, Zeilenvektoren $\mathbf{y}_i' \sim (1,p)$ und $\mathbf{x}_i' \sim (1,k)$ bezogen auf n Objekte, Spaltenvektoren $\mathbf{y}_l \sim (n,1)$ für $l = 1,...,p$ und $\mathbf{x}_j \sim (n,1)$ für $j = 1,...,k$ bezogen auf p bzw. k quantitative Eigenschaftsvariablen y_l, $l = 1,...,p$ bzw. x_j, $j = 1,...,k$. Üblicherweise wird $\mathbf{x}_1 = \mathbf{1} \sim (n,1)$, d.h. als Einsvektor vorausgesetzt.

VORBEREITUNG: Eventuell vor Verfahrensbeginn Standardisierung der Datenmatrizen **Y** und **X** gemäß Gleichung (2.1) in Abschnitt 2.1.

MODELL: Regressionsansatz für Variablen y_l, d.h. für Spaltenvektoren $\mathbf{y}_l$ der Matrix $\mathbf{Y}$

$$\mathbf{y}_l = \mathbf{Y}^l\beta_l + \mathbf{X}^l\gamma_l + \mathbf{u}_l = (\sum_{l'=1}^{p_l} y_{il'}^l \beta_{l'l} + \sum_{j'=1}^{k_l} x_{ij'}^l \gamma_{j'l} + u_{il})$$

$$\sim (n,1) \text{ für } l = 1,\ldots,p \qquad \textbf{(9.1)}$$

mit $\mathbf{Y}^l = (y_{il'}^l) \sim (n,p_l)$ und $p_l < p$, $\mathbf{X}^l = (x_{ij'}^l) \sim (n,k_l)$ mit $\mathbf{x}_1^l = \mathbf{1}$ $\sim (n,1)$ und $k_l \leq k$, $\beta_l \sim (p_l,1)$, $\gamma_l \sim (k_l,1)$, $\mathbf{U} = (u_{il}) \sim (n,p)$, $E(\mathbf{U}) = \mathbf{O} \sim (n,p)$, $E(\mathbf{u}_l\mathbf{u}_{l*}') = \sigma_{ll*}\mathbf{I} \sim (n,n)$ für $l,l^* = 1,\ldots,p$, $E(\mathbf{u}_i\mathbf{u}_i') = \Sigma = (\sigma_{ll*}) \sim (p,p)$ für $i = 1,\ldots,n$ und $\sigma_{ll} = \sigma_l^2$ für $l = 1,\ldots,p$. Dabei steht $\mathbf{u}_i' \sim (1,p)$ für einen Zeilenvektor von $\mathbf{U}$, $\mathbf{O}$ bzw. $\mathbf{I}$ für eine Null- bzw. Einheitsmatrix.

Hinweise: In Gleichung (9.1) beziehen sich die Spaltenvektoren $\mathbf{x}_{j'}^l$ der Matrix $\mathbf{X}^l$ auf deterministische Variablen $x_{j'}^l$, die aus den Variablen x_j, $j= 1,\ldots,p$ auszuwählen sind. Entsprechend beziehen sich die Spaltenvektoren $\mathbf{u}_l$ auf zufallsabhängige Störgrößen u_l, $l = 1,\ldots,p$. Diese besitzen verschwindende Erwartungswerte, gegebenenfalls unterschiedliche Varianzen σ_l^2. u_l und u_{l*} dürfen annahmegemäß für $l \neq l^*$ korreliert sein. In Gleichung (9.1) beziehen sich die Spaltenvektoren $\mathbf{y}_{l'}^l$ der Matrix $\mathbf{Y}^l$ auf Variablen $y_{l'}^l$, die für $l' \neq l$ aus den Variablen y_l, $l = 1,\ldots,p$ auszuwählen sind. Diese Variablen sind als unabhängige Variablen modellbedingt mit der Störgröße u_l korreliert. Für festes l kennzeichnet Gleichung (9.1) damit ein besonders strukturiertes univariates Regressionsmodell.

Nach Umformung lassen sich die p mehrfachen linearen Regressionsmodelle aus Gleichung (9.1) in struktureller Form zusammengefasst darstellen:

$$\mathbf{YB} = \mathbf{X}\Gamma + \mathbf{U} \sim (n,p). \qquad \textbf{(9.2)}$$

Gleichung (9.2) beschreibt ein multivariates Regressionsmodell für simultane Strukturgleichungen. Darin ist $\mathbf{B} \sim (p,p)$ eine Koeffizientenmatrix mit Hauptdiagonalelementen von jeweils eins, für die Rang($\mathbf{B}$) = p gelten, die Inverse $\mathbf{B}^{-1} \sim (p,p)$ also existieren soll. Als weitere Elemente in Spalte l von $\mathbf{B}$ finden sich - mit negativem Vorzeichen - die Elemente des Vektors β_l; weitere Elemente sind Nullelemente. In den Spalten der Matrix $\Gamma \sim (k,p)$ sind entsprechend die Elemente der Vektoren γ_l, gegebenenfalls ergänzt um Nullelemente, gesammelt. Die strukturelle Form der simultanen Strukturgleichungen aus Gleichung (9.1) führt direkt auf die reduzierte Form:

$$\mathbf{Y} = \mathbf{X}\Gamma\mathbf{B}^{-1} + \mathbf{U}\mathbf{B}^{-1} = \mathbf{X}\Pi + \mathbf{V} \sim (n,p). \qquad \mathbf{(9.3)}$$

Mit der Koeffizientenmatrix $\Pi = \Gamma\mathbf{B}^{-1} \sim (k,p)$ und $\mathbf{V} = \mathbf{U}\mathbf{B}^{-1} \sim (n,p)$ als Matrix, deren Spaltenvektoren sich auf Störgrößen v_l, l = 1,...,p beziehen, definiert Gleichung (9.3) ein multivariates Regressionsmodell analog zu Gleichung (8.1) (vgl. Abschnitt 8.1).

VERFAHREN: <u>Schätzung</u> der Vektoren β_l und γ_l sowie der Varianzen σ_l^2 über

$$\begin{pmatrix} \hat{\beta}_l \\ \hat{\gamma}_l \end{pmatrix} = \begin{pmatrix} \hat{Y}^{l\prime}\hat{Y}^l & \hat{Y}^{l\prime}X^l \\ X^{l\prime}\hat{Y}^l & X^{l\prime}X^l \end{pmatrix}^{-1} \begin{pmatrix} \hat{Y}^{l\prime}y_l \\ X^{l\prime}y_l \end{pmatrix} \sim (p_l + k_l, 1)$$

für l = 1,...,p mit **(9.4)**

$$\hat{Y}^l = \mathbf{X}(\mathbf{X}'\mathbf{X})^{-1}\mathbf{X}'\mathbf{Y}^l \sim (n,p_l) \text{ für } l = 1,\dots,p \text{ und} \qquad \mathbf{(9.5)}$$

$$\hat{\sigma}_l^2 = (\mathbf{y}_l - \mathbf{Y}^l\hat{\beta}_l - \mathbf{X}^l\hat{\gamma}_l)'(\mathbf{y}_l - \mathbf{Y}^l\hat{\beta}_l - \mathbf{X}^l\hat{\gamma}_l)/$$
$$(n - p_l - k_l) \text{ für } l = 1,\dots,p. \qquad \mathbf{(9.6)}$$

Hinweise: Gleichung (9.4) enthält für jedes der p univariaten Regressionsmodelle aus Gleichung (9.1) eine getrennte zweistufige Kleinstquadrateschätzung. Dabei wird auf einer ersten Stufe gemäß Gleichung (9.5) ein Instrument $\hat{Y}^l$ für die Matrix $\mathbf{Y}^l$ gefunden. Dieses ergibt sich aus einem multivariaten Regressionsmodell, in dem die Variablen $y_{l'}^1$, $l' = 1,...,p_l$ von allen Variablen x_j, $j = 1,...,k$ abhängen. Wird $\hat{Y}^l$ für $\mathbf{Y}^l$ in Gleichung (9.1) eingesetzt, liegen dort zwischen unabhängigen Variablen und Störgrößen keine Korrelationen mehr vor. Eine gewöhnliche Kleinstquadrateschätzung - auf der zweiten Stufe für die Koeffizienten der modifizierten Gleichung (9.1) vorgenommen - ist dann konsistent. Zum Nachweis der Konsistenz können in Gleichung (9.4) die Beziehungen $\hat{Y}^{l\prime}\hat{Y}^l = \hat{Y}^{l\prime}\mathbf{Y}^l \sim (p_l,p_l)$ und $\mathbf{X}^{l\prime}\hat{Y}^l = \mathbf{X}^{l\prime}\mathbf{Y}^l \sim (k_l,p_l)$ eingesetzt werden. Gleichung (9.4) hat dann die Form einer konsistenten Instrumentalvariablenschätzung (vgl. Mardia et al. (1979, S. 187 und S. 191)).

Die Varianzschätzung aus Gleichung (9.6) entspricht derjenigen aus Gleichung (8.3) (vgl. Abschnitt 8.1). Mit einer solchen Schätzung können dann auch Varianzschätzungen für Elemente der Vektoren $\hat{\beta}_l$ bzw. $\hat{\gamma}_l$ gefunden werden. Diese ergeben sich, indem $\hat{\sigma}_l^2$ mit dem jeweiligen Hauptdiagonalelement der inversen Matrix aus Gleichung (9.4) multipliziert wird (vgl. dazu Gleichung (8.4) in Abschnitt 8.1).

Als Einzelgleichungsschätzung kann die Schätzung aus Gleichung (9.4) Kovarianzen $\sigma_{ll^*} \neq 0$ für $l \neq l^*$ nicht berücksichtigen. Die asymptotischen Varianzen dieser Schätzung sind damit größer als bei vergleichbaren Systemschätzungen. Da aber andererseits Einzelgleichungsschätzungen robuster gegenüber Fehlspezifikationen sind als Systemschätzungen, werden sie in Anwendungen trotzdem vorgezogen.

BEISPIEL: Ein Beispiel für eine ökonometrische Analyse kann direkt an das Beispiel aus Abschnitt 8.1 anschließen. Dort ist eine multivariate Regressionsanalyse mit den p = 2 abhängigen Variablen *leben* und *alpha* vorgestellt worden. Mit den n = 77 Beobachtungen aus *Tabelle 1.1* (vgl. Abschnitt 1.1.1) haben sich in Abschnitt 8.2 dabei signifikante Einflüsse der Variablen *wasser* und *gesund* auf die Variable *leben* sowie der Variable *gewicht* auf die Variable *alpha* ergeben. Zusätzlich kann ein Einfluss der Variable *gesund* auf die Variable *alpha* unterstellt werden. Wird nun weiterhin angenommen, dass sich die abhängigen Variablen *leben* und *alpha* gegenseitig beeinflussen, sind analog zu Gleichung (9.1) simultane Strukturgleichungen spezifiziert. Speziell gilt dafür dann $p_1 = p_2 = 1$, $k_1 = k_2 = 3$ und $k = 4$.

In SPSS steht für die zugehörige ökonometrische Analyse die Prozedur 2SLS zur Verfügung. Wie die Bezeichnung aussagt, erlaubt diese Prozedur zweistufige Kleinstquadrateschätzungen. Die Schätzergebnisse für das genannte Beispiel sind in *Tabelle 9.1* zusammengefaßt.

Tabelle 9.1: Geschätzte Regressionskoeffizienten und Standardabweichungen

Abh.Variable	*leben*			Abh.Variable	*alpha*		
Parameter	B	Beta	Standardfehler	Parameter	B	Beta	Standardfehler
Konstante	1,614		2,787	*Konstante*	10,607		5,032
alpha	0,183	0,308	0,118	*leben*	0,142	0,085	0,431
wasser	0,268	0,449	0,053	*gesund*	0,180	0,182	0,150
gesund	0,131	0,222	0,057	*gewicht*	0,687	0,404	0,220

Tabelle 9.1 enthält in der B-Spalte Elemente der Vektoren $\hat{\beta}_l$ ~ (1,1) und $\hat{\gamma}_l$ ~ (3,1) für l = 1,2. Diese Elemente sind gemäß Gleichung (9.4) mit Beobachtungen nicht standardisierter Variablen berechnet. Die Beta-Spalte daneben zeigt die entsprechenden Elemente für den Fall standardisierter Variablen. Als Standardfehler sind die geschätzten Standardabweichungen für Elemente der jeweiligen Vektoren angegeben. Diese Standardfehler sind Quadratwurzeln aus den beschriebenen geschätzten Varianzen.

Für die betreffenden univariaten Regressionen weist die SPSS-Prozedur 2SLS folgende Bestimmtheitsmaße aus: R_1^2 = 0,606 bei der Erklärung der Variable *leben* und R_2^2 = 0,325 bei der Erklärung der Variable *alpha*. Die Berechnung dieser Bestimmtheitsmaße erfolgt dabei mit den auch in Gleichung (9.6) genutzten Residuen.

INTERPRETATION: Da ökonometrische Analysen spezielle Regressionsanalysen sind, geht es in der zugehörigen Interpretation vorrangig darum, sich mit der Bedeutung unabhängiger Variablen für die angestrebte Erklärung zu befassen. Bei einer zweistufigen Kleinstquadrateschätzung als Einzelgleichungsschätzung bieten sich die für univariate Regressionsanalysen üblichen Ansätze an. D.h. auf der beschreibenden Ebene eine Orientierung an Bestimmtheitsmaßen und geschätzten Beta-Koeffizienten, auf der Ebene von Testverfahren die Durchführung entsprechender F- bzw. t-Tests (vgl. Abschnitt 8.1 und Abschnitt 8.2). Dabei ist dann zu berücksichtigen, dass unter Normalverteilungsannahmen für die Störgrößen u_l aus Gleichung (9.1) die Schätzungen $\hat{\beta}_l$ und $\hat{\gamma}_l$ aus Gleichung (9.4) nur asymptotisch normalverteilt sind (vgl. Mardia et al. (1979, S. 188)). In Abschnitt 8.2 behandelte Testgrößen mit dort exakten F- bzw. t-Verteilungen besitzen hier damit nur noch eine asymptotische F- oder t-Verteilung. Trotzdem gehören zur Ausgabe der SPSS-Prozedur 2SLS entsprechende Ergebnisse univariater Tests. Auf Tests der multivariaten Bedeutung unabhängiger Variablen wird in ökonometrischen Analysen aber in der Regel verzichtet.

Für das Beispiel zeigt *Tabelle 9.1* bei der Erklärung der Variable *leben* die besondere Bedeutung der Variable *wasser*, bei der Erklärung der Variable *alpha* entsprechend die Bedeutung der Variable *gewicht*. Diese an geschätzten Beta-Koeffizienten orientierte Feststellung ist mit den Aussagen in Abschnitt 8.1 identisch. Im Vergleich zur dortigen multivariaten Regressionsanalyse haben sich die Bestimmtheitsmaße jetzt nur unwesentlich verändert. Werden mit deren Werten F-Tests wie in Gleichung (8.10) und Ungleichung (8.11) (vgl. Abschnitt 8.2) durchgeführt, ergeben sich zwar p-Werte von 0,000. Die jeweiligen gemeinsamen Einflüsse der unabhängigen Variablen sind damit statistisch gesichert. Die Variablen *leben* und *alpha* tragen einzeln aber nicht signifikant zur gegenseitigen Erklärung bei. Dies zeigen t-Tests entsprechend zu Gleichung (8.12) und Ungleichung (8.13) (vgl. Abschnitt 8.2). Die zu diesen Tests gehörenden p-Werte liegen jeweils über 10%. Werden die betreffenden Hypothesen angenommen, entfällt die gegenseitige Erklärung der Variablen *leben* und *alpha*. Die ökonometrische Analyse des Beispiels reduziert sich dann auf eine multivariate Regressionsanalyse.

Interessanterweise können die geschätzten Regressionskoeffizienten aus *Tabelle 9.1* auch anders als über die betrachtete zweistufige Kleinstquadrateschätzung berechnet werden. Die simultanen Strukturgleichungen des Beispiels sind nämlich wie die zugehörigen Schätzgleichungen exakt identifiziert. D.h. Schätzungen für Elemente der Vektoren β_l und γ_l, $l = 1,...,p$ aus Gleichung (9.1) bilden die eindeutige Lösung der in Gleichung (9.7) enthaltenen Gleichungssysteme.

$$\hat{\Pi}\hat{B} = \hat{\Gamma} \sim (k,p). \qquad \textbf{(9.7)}$$

Gleichung (9.7) stellt – bezogen auf geschätzte Matrizen – den in Gleichung (9.3) eingeführten Zusammenhang zwischen den Koeffizienten der strukturellen und reduzierten Form dar. Insbesondere besitzt dabei die Matrix $\hat{\Pi}$ ~ (k,p) also Spaltenvektoren $\hat{\pi}_l$ ~ (k,1), l = 1,...,p, die wie die einfachen Kleinstquadrateschätzungen in Gleichung (8.2) (vgl. Abschnitt 8.1) definiert sind. Sind solche Schätzungen gegeben, lässt sich Gleichung (9.7) eindeutig nach $\hat{\beta}_l$ ~ (p_l,1) und $\hat{\gamma}_l$ ~ (k_l,1) für l = 1,...,p auflösen. Die entsprechenden Schätzungen werden dann indirekte Kleinstquadrateschätzungen genannt. Im Beispiel stimmen die ermittelten zweistufigen notwendig mit solchen indirekten Schätzungen überein (vgl. Mardia et al. (1979, S. 210f)).

Ein Kriterium für exakte Identifikation ergibt sich an der ersten Strukturgleichung des Beispiels. Der diese Gleichung betreffende Teil von Gleichung (9.7) kann in der Form

$$\begin{pmatrix} \hat{\Pi}_{11} \\ \hat{\Pi}_{21} \end{pmatrix} \begin{pmatrix} 1 \\ -\hat{\beta}_1 \end{pmatrix} = \begin{pmatrix} \hat{\gamma}_1 \\ 0 \end{pmatrix} \sim (k=4,1) \qquad \textbf{(9.8)}$$

geschrieben werden. Da in der ersten Strukturgleichung die Variable *leben* erklärt wird, ist unter den insgesamt vorhandenen unabhängigen Variablen x_j bei $k - k_l = 4 - 3$ nur eine Variable, die Variable *gewicht*, ausgeschlossen. Diese Tatsache spiegelt sich im Nullelement auf der rechten Seite von Gleichung (9.8) wider. Auf der linken Seite finden sich mit $\hat{\Pi}_{11}$ ~ (k_l=3,p_l+1=2) und $\hat{\Pi}_{21}$ ~ (k-k_l,p_l+1) Teilmatrizen von $\hat{\Pi}$ ~ (k=4,p=2). Das nachfolgend mit (*) bezeichnete Gleichungssystem $\hat{\Pi}_{21}\begin{pmatrix} 1 \\ -\hat{\beta}_1 \end{pmatrix} = \mathbf{0}$ ~ (k-k_l,1), d.h. im Beispiel die Gleichung (*) $\hat{\Pi}_{21}\begin{pmatrix} 1 \\ -\hat{\beta}_1 \end{pmatrix} = 0$, kann damit eindeutig nach $\hat{\beta}_1$ ~ $(p_l,1)$ aufgelöst werden, wenn $\text{Rang}(\hat{\Pi}_{21}) = p_l$, in der ersten Strukturgleichung des Beispiels $p_l = 1$. Mit gegebenem $\hat{\beta}_1$ liefert der andere Teil von Gleichung (9.8) dann sofort $\hat{\gamma}_1$ ~ $(k_l,1)$. Besteht das Gleichungssystem (*) aus $k - k_l = p_l$ Gleichungen, ist die genannte Rangbedingung in der Praxis erfüllt. Das gesuchte Kriterium für exakte Identifikation lautet damit

$$\text{Rang}(\hat{\Pi}_{21}) = k - k_l = p_l. \qquad \textbf{(9.9)}$$

Für den Fall, dass Gleichung (9.9) mit $\text{Rang}(\hat{\Pi}_{21}) = p_l$ und $k - k_l > p_l$ nicht vollständig erfüllt ist, gibt es im Gleichungssystem (*) überflüssige Gleichungen. Die betreffende Strukturgleichung heißt dann überidentifiziert. Eine Schätzung ihrer Koeffizienten kann wie zuvor indirekt oder zweistufig erfolgen. In der Praxis wird bei $k-k_l > p_l$ aber $\text{Rang}(\hat{\Pi}_{21}) = p_l + 1$ gelten. In einem solchen Fall ist das Gleichungssystem (*) nicht lösbar. Eine indirekte Schätzung kann nicht mehr erfolgen; eine zweistufige Kleinstquadrateschätzung bleibt aber möglich. Im Fall $\text{Rang}(\hat{\Pi}_{21}) = k - k_l < p_l$ liegt eine unteridentifizierte geschätzte Strukturgleichung vor. Das Gleichungssystem (*) ist dann mehrdeutig lösbar. Als Folge ist eine Schätzung von Koeffizienten der betreffenden Strukturgleichung nicht mehr möglich. In SPSS wird dieser Fall dadurch verhindert, dass bei der Spezifikation von Strukturgleichungen für $l = 1,\ldots,p$ jeweils $p_l + k_l \leq k$ verlangt wird.

9.2 Erweiterungen: Kovarianzstrukturen

Umfassende konfirmatorische Analysen simultaner Strukturgleichungen sind Analysen von Kovarianzstrukturen. Die nachfolgenden Betrachtungen sollen einer Untersuchung solcher Strukturen dienen. Eine erste Kovarianzstruktur ergibt sich für das Modell der ökonometrischen Analyse aus Gleichung (9.1) bzw. Gleichung (9.2) (vgl. Abschnitt 9.1). Sie soll in der für LISREL (linear structural relations) typischen Bezeichnungsweise eingeführt werden. LISREL bezeichnet neben der Modellstruktur auch ein zur Analyse von Kovarianzstrukturen entwickeltes Softwarepaket.

In LISREL dürfen alle unabhängigen Variablen zufallsabhängig sein. Für die unabhängigen Variablen x_j, j = 1,...,k aus Gleichung (9.2) soll daher ergänzend angenommen werden, dass

$$E((\mathbf{x}_i - E(\mathbf{x}_i))(\mathbf{x}_i - E(\mathbf{x}_i))') = \Sigma_{xx} = \Phi \sim (k,k)$$
$$\text{für } i = 1,...,n. \qquad \textbf{(9.10)}$$

Gleichung (9.10) gibt die Varianzkovarianzmatrix der Variablen x_j, j = 1,...,k an. Die Variablen x_j und die Störgrößen u_l sollen weiterhin unkorreliert sein. Die bisher Σ genannte Varianzkovarianzmatrix der Störgrößen u_l, l = 1,...,p aus Gleichung (9.1) wird in LISREL mit $\Psi \sim$ (p,p) bezeichnet. Hinzu kommt, dass die Störgrößen jetzt in der Regel ζ_l statt u_l heißen. Mit dieser Bezeichnung und Gleichung (9.10) liefert das Modell aus Gleichung (9.1) damit folgende Kovarianzstruktur für die abhängigen Variablen y_l, l = 1,...,p:

$$\Sigma_{yy} = \mathbf{B}^{-1\prime}(\Gamma'\Phi\Gamma + \Psi)\mathbf{B}^{-1} \sim (p,p). \qquad \textbf{(9.11)}$$

Gleichung (9.11) gibt die Varianzkovarianzmatrix der Variablen y_l, l = 1,...,p an (vgl. dazu Gleichung (9.3) in Abschnitt 9.1)). Die Kovarianzen zwischen den Variablen x_j, j = 1,...,k und y_l, l = 1,...,p finden sich entsprechend als Elemente der Matrix

$$\Sigma_{xy} = \Sigma_{yx}' = \Phi\Gamma\mathbf{B}^{-1} \sim (k,p). \qquad \textbf{(9.12)}$$

Die Matrizen Σ_{xx}, Σ_{yy}, Σ_{xy} und Σ_{yx} enthalten nun zusammen höchstens c = (p + k)(p + k + 1)/2 verschiedene Elemente. Damit können die betrachteten Strukturgleichungen nur dann identifiziert sein, wenn sie insgesamt höchstens c unbekannte Parameter besitzen. D.h. in LISREL: Die Matrizen Φ, Ψ, $\mathbf{B}$ und Γ dürfen zusammen höchstens c unbekannte Elemente aufweisen.

Die genannte Bedingung ist für das in Abschnitt 9.1 behandelte Beispiel bei jeweils exakt identifizierten Strukturgleichungen offensichtlich erfüllt. Mit $p = 2$ und $k = 4$ ergibt sich dort $c = 21$. Dem stehen aber nur 8 zu schätzende Elemente der Matrizen $\mathbf{B}$ bzw. Γ (vgl. *Tabelle 9.1* in Abschnitt 9.1) und $p(p+1)/2 = 3$ unbekannte Elemente der Matrix Ψ gegenüber. Bei deterministischen Variablen x_j, $j = 1,\dots,k$ kann deren Varianzkovarianzmatrix mit $\Phi = \mathbf{S}_{xx} = \mathbf{X}^{z\prime}\mathbf{X}^{z}/(n-1)$ datenabhängig als bekannt angesehen werden. $\mathbf{X}^{z} \sim (n,k)$ steht dabei wieder für die Matrix $\mathbf{X}$ nach Zentrierung (vgl. Gleichung (3.1) in Abschnitt 3.1).

Im Falle exakter Identifikation lassen sich eindeutige Schätzungen für die unbekannten Elemente der Matrizen Φ, Ψ, $\mathbf{B}$ und Γ direkt aus Gleichung (9.10), Gleichung (9.11) und Gleichung (9.12) gewinnen, wenn dort neben der Matrix Φ auch die jeweils linke Seite durch die betreffende Stichprobenvarianzkovarianzmatrix ersetzt wird. In Gleichung (9.11) ist also z.B. für Σ_{yy} die Matrix $\mathbf{S}_{yy} = \mathbf{Y}^{z\prime}\mathbf{Y}^{z}/(n-1)$ mit $\mathbf{Y}^{z} \sim (n,p)$ als zentrierter Datenmatrix einzusetzen. Durch eine solche Ersetzung wird z.B. Gleichung (9.12) zu Gleichung (9.7), führt also auf eine indirekte Kleinstquadrateschätzung. Sind dagegen überidentifizierte Strukturgleichungen vorhanden, ist die Schätzung komplizierter. Jetzt gilt es, Schätzwerte zu finden, die zu einem möglichst kleinen Abstand zwischen den Matrizen

$$\mathbf{S} = \begin{pmatrix} S_{yy} & S_{yx} \\ S_{xy} & S_{xx} \end{pmatrix} \sim (p+k, p+k) \text{ und}$$

$$\hat{\Sigma} = \begin{pmatrix} \hat{\Sigma}_{yy} & \hat{\Sigma}_{yx} \\ \hat{\Sigma}_{xy} & \hat{\Sigma}_{xx} \end{pmatrix} \sim (p+k, p+k) \qquad \textbf{(9.13)}$$

führen. In Gleichung (9.13) sind die Teilmatrizen der Matrix **S** naturgemäß Stichprobenvarianzkovarianzmatrizen. Die Teilmatrizen der Matrix $\hat{\Sigma}$ entstehen aus Gleichung (9.10), Gleichung (9.11) und Gleichung (9.12), wenn dort auf der rechten Seite Schätzwerte für die unbekannten Parameter eingesetzt werden. Als Abstandsfunktion zwischen den Matrizen aus Gleichung (9.13) kann z.B. die Kleinstquadratefunktion f mit

$$f(\mathbf{S}, \hat{\Sigma}) = \mathrm{Spur}((\mathbf{S} - \hat{\Sigma})'(\mathbf{S} - \hat{\Sigma}))/2 \qquad \textbf{(9.14)}$$

verwendet werden. Ihre Minimierung muß in der Regel iterativ erfolgen (vgl. Fahrmeir et al. (1996, S. 752ff)).

Im durch exakte Identifikation gekennzeichneten Beispiel liegt das Minimum der Funktion f aus Gleichung (9.14) offensichtlich bei null. Ist - von Gleichung (9.12) ausgehend - eine indirekte Kleinstquadrateschätzung erfolgt, kann das Schätzergebnis in die entsprechend modifizierte Gleichung (9.11) eingesetzt werden, um darüber dann zu einer Matrix $\hat{\Psi}$ als Schätzung für die Matrix Ψ zu kommen.

Sind unbekannte Elemente einer Kovarianzstruktur geschätzt worden, ist die erhaltene Schätzung über verallgemeinerte Bestimmtheitsmaße zu bewerten. Getrennt für jede Strukturgleichung, können solche Bestimmtheitsmaße mit geschätzten Varianzen von Störgrößen u_l bzw. ζ_l, d.h. Elementen der Matrix $\hat{\Psi}$, und geschätzten Varianzen abhängiger Variablen y_l, d.h. Elementen der Matrix $\hat{\Sigma}_{yy}$, berechnet werden. Zusätzlich lässt sich analog zu Abschnitt 8.2 jetzt für die Störgrößen u_l in Gleichung (9.1) ergänzend eine Normalverteilung unterstellen. Asymptotisch normalverteilte Schätzungen bilden dann die Grundlage für χ^2- und t-Tests zur Beurteilung der Anpassungsgüte des Gesamtmodells bzw. zur Signifikanzprüfung einzelner Koeffizienten (vgl. Abschnitt 8.2).

Beide Testverfahren haben in der konfirmatorischen Faktorenanalyse eine besondere Bedeutung erlangt (vgl. z.B. Sharma (1996, S. 144ff)). Eine solche Analyse gehört dann zur Untersuchung von Kovarianzstrukturen, wenn im Regressionsansatz simultaner Strukturgleichungen (vgl. Gleichung (9.1)) latente Variablen vorkommen. Im Extremfall ersetzen in Gleichung (9.1) latente Variablen η_l die abhängigen Variablen y_l, $l = 1,...,p$ und latente Variablen ξ_j die unabhängigen Variablen x_j, $j = 1,...,k$. Die so modifizierte Gleichung (9.1) bildet dann zusammen mit den Messmodellen

$$\begin{aligned} \mathbf{y}_{l'} &= \mathrm{E}\lambda_{l'}^{y} + \varepsilon_{l'} \sim (n,1) \text{ für } l' = 1,....,p' > p \text{ und} \\ \mathbf{x}_{j'} &= \Xi\lambda_{j'}^{x} + \delta_{j'} \sim (n,1) \text{ für } j' = 1,...,k' > k \end{aligned} \qquad \mathbf{(9.15)}$$

ein vollständiges Kovarianzstrukturmodell. Gleichung (9.15) enthält, getrennt für abhängige und unabhängige Variablen, Modelle der Faktorenanalyse (vgl. Gleichung (5.1) in Abschnitt 5.1). Die Spalten der Faktormatrizen $\mathrm{E} \sim (n,p)$ bzw. $\Xi \sim (n,k)$ beziehen sich dabei auf die gemeinsamen Faktoren η_l bzw. ξ_j. Die Vektoren $\lambda_{l'}^{y} \sim (p,1)$ bzw. $\lambda_{j'}^{x} \sim (k,1)$ bilden für $l' = 1,...,p'$ bzw. $j' = 1,...,k'$ als Zeilenvektoren zusammen die Ladungsmatrix $\Lambda_y \sim (p',p)$ bzw. $\Lambda_x \sim (k',k)$. Die Spaltenvektoren $\varepsilon_{l'}$ bzw. $\delta_{j'}$ enthalten Werte unbeobachtbarer Störgrößen $\varepsilon_{l'}$, $l' = 1,...,p'$ bzw. $\delta_{j'}$, $j' = 1,...,k'$ mit Varianzkovarianzmatrizen $\Theta_\varepsilon \sim (p',p')$ bzw. $\Theta_\delta \sim (k',k')$.

Die Kovarianzstruktur der in Gleichung (9.15) beobachteten Variablen $y_{l'}$, $l' = 1,...,p'$ bzw. $x_{j'}$, $j' = 1,...,k'$ kann nun unabhängig von Gleichung (9.1), aber auch unter deren Berücksichtigung, untersucht werden. Ersteres ermöglicht konfirmatorische Faktorenanalysen, letzteres führt z.B. auf die Analyse von

$$\begin{aligned} \Sigma_{yy} &= \Lambda_y \mathbf{B}^{-1\prime}(\Gamma'\Phi\Gamma + \Psi)\mathbf{B}^{-1}\Lambda_y' + \Theta_\varepsilon \\ &\sim (p',p') \end{aligned} \qquad \mathbf{(9.16)}$$

als allgemeiner Kovarianzstruktur. Gleichung (9.16) enthält Gleichung (9.11) als Spezialfall.

Für die Schätzung der in Gleichung (9.16) enthaltenen unbekannten Elemente von Λ_y, $\mathbf{B}$, Φ, Γ, Ψ und Θ_ε kann z.B. LISREL als Programmpaket herangezogen werden. Eine dazu äquivalente Analyse von Kovarianzstrukturen ist in SPSS nicht möglich.

Teil IV: Konfirmatorische Verfahren: Mehrstichprobenverfahren

Kapitel 10: Multivariate Varianz- und Kovarianzanalyse

Bei multivariaten Varianzanalysen stehen Tests und damit insbesondere Vergleiche von mindestens zwei unabhängigen Stichproben im Mittelpunkt. Es werden mehrere quantitative Eigenschaftsvariablen beobachtet. Getestet wird dann, ob die Erwartungswertvektoren dieser Variablen in den Grundgesamtheiten, aus denen die Stichproben stammen, übereinstimmen. Entsprechende Tests lassen sich als Tests multivariater Regressionsmodelle durchführen. Dazu ist die Zugehörigkeit von Beobachtungen zu einer bestimmten Stichprobe, d.h. Gruppe, über unabhängige Dummyvariablen zu spezifizieren. Die beobachteten Eigenschaftsvariablen bilden dann die abhängigen Regressionsvariablen. Kommen als unabhängige Variablen weitere quantitative Eigenschaftsvariablen ins Spiel, wird aus der Varianz- eine Kovarianzanalyse.

10.1 Varianzanalyse

ZIEL: Nachweis von Gruppenunterschieden.

DATEN: Matrix $\mathbf{Y} = (\mathbf{Y}_1' \ldots \mathbf{Y}_g')' = (y_{il}) \sim (n,p)$ mit $\mathbf{Y}_{l'} = (y_{i_{l'}l}) \sim (n_{l'},p)$, $n_{l'} \geq p$ und $\text{Rang}(\mathbf{Y}_{l'}) = p$ für $l' = 1,\ldots,g$, Zeilenvektoren $\mathbf{y}_i' \sim (1,p)$ für $i = 1,\ldots,n$ bezogen auf $n_{l'}$ Objekte aus Gruppen mit den Nummern $l' = 1,\ldots,g$, Spaltenvektoren $\mathbf{y}_l = (\mathbf{y}_l^{1\prime} \ldots \mathbf{y}_l^{g\prime})'$ $\sim (n,1)$ mit $\mathbf{y}_l^{l'} \sim (n_{l'},1)$ für $l' = 1,\ldots,g$ und $l = 1,\ldots,p$ bezogen auf p quantitative Eigenschaftsvariablen y_l, $l = 1,\ldots,p$.

VORBEREITUNG: Eventuell vor Verfahrensbeginn Standardisierung der Datenmatrix **Y** gemäß Gleichung (2.1) in Abschnitt 2.1.

MODELL: Regressionsansatz für Variablen y_l, d.h. für Spaltenvektoren $\mathbf{y}_l$ der Matrix **Y**

$$\mathbf{y}_l = \boldsymbol{\mu}_l + \mathbf{u}_l = (\mu_{il} + u_{il}) \sim (n,1)$$

$$\text{für } l = 1,\dots,p \text{ mit} \tag{10.1}$$

$$\mathbf{y}_l^{l'} = (\mu_l + \alpha_l^{l'})\mathbf{1}_{nl'} + \mathbf{u}_l^{l'} \sim (n_{l'},1)$$

$$\text{für } l' = 1,\dots,g \text{ und } \sum_{l'=1}^{g} \alpha_l^{l'} = 0, \tag{10.2}$$

d.h. $\boldsymbol{\mu}_l = ((\mu_l + \alpha_l^1)\mathbf{1}_{n1}' \dots (\mu_l + \alpha_l^g)\mathbf{1}_{ng}')' \sim (n,1)$. Weiterhin gelte für $\mathbf{U} = (u_{il}) \sim (n,p)$: $E(\mathbf{U}) = \mathbf{O} \sim (n,p)$, $E(\mathbf{u}_l\mathbf{u}_{l*}') = \sigma_{ll*}\mathbf{I} \sim (n,n)$ für $l,l^* = 1,\dots,p$, $E(\mathbf{u}_i\mathbf{u}_i') = \Sigma = (\sigma_{ll*}) \sim (p,p)$ für $i = 1,\dots,n$ und $\sigma_{ll} = \sigma_l^2$ für $l = 1,\dots,p$. Dabei steht $\mathbf{u}_i' \sim (1,p)$ für einen Zeilenvektor von **U**, **O** bzw. **I** für eine Null- bzw. Einheitsmatrix; **1** bezeichnet einen geeignet dimensionierten Einsvektor. Die Spaltenvektoren $\mathbf{u}_l$ beziehen sich auf zufallsabhängige Störgrößen u_l, für die $u_l \sim N$, d.h. u_l ist normalverteilt, gelten soll.

Hinweis: In Gleichung (10.1) und Gleichung (10.2) wird auf die explizite Angabe von g – 1 unabhängigen Dummyvariablen verzichtet. Unter den Annahmen für die Störgrößen ergibt sich in Gleichung (10.2) der Erwartungswertvektor $E(\mathbf{y}_l^{l'}) = (\mu_l + \alpha_l^{l'})\mathbf{1}_{nl'} \sim (n_{l'},1)$ und bezogen auf Gleichung (10.1) die Varianzkovarianzmatrix $E((\mathbf{y}_l - E(\mathbf{y}_l))(\mathbf{y}_{l*} - E(\mathbf{y}_{l*}))') = \sigma_{ll*}\mathbf{I} \sim (n,n)$ für $l,l^* = 1,\dots,p$. Die Variablen y_l dürfen damit abhängig von den Werten der Koeffizienten $\alpha_l^{l'}$, $l' = 1,\dots,g$ für verschiedene Gruppen verschiedene Erwartungswerte besitzen. Vgl. dazu das Modell der multivariaten Regressionsanalyse in Gleichung (8.1) von Abschnitt 8.1. Wie dort gilt auch hier $E((\mathbf{y}_i - E(\mathbf{y}_i))(\mathbf{y}_i - E(\mathbf{y}_i))')$

$= \Sigma \sim (p,p)$. Gleichung (10.1) und Gleichung (10.2) spezifizieren das Modell einer einfachen multivariaten Varianzanalyse. Zur zweifachen multivariaten Varianzanalyse mit der möglichen Berücksichtigung von Interaktionen vgl. Linder und Berchtold (1982, S. 147ff) oder Mardia et al. (1979, S. 350ff).

VERFAHREN: a) **Levene-Test**: Univariater Test auf Gleichheit von Störgrößenvarianzen

Als Hypothese H und Gegenhypothese G wird dabei getrennt für $l = 1,\dots,p$ spezifiziert:

$$H: (\sigma_l^{l'})^2 = \sigma_l^2 \text{ für } l' = 1,\dots,g \qquad G: \text{nicht } H. \qquad \textbf{(10.3)}$$

In Gleichung (10.3) bezeichnet $(\sigma_l^{l'})^2$ die Varianz der Störgröße u_l in Gruppe l'. Die Hypothese H aus Gleichung (10.3) wird beim Signifikanzniveau α verworfen, wenn gilt:

$$F_l = B_l(n-g)/(W_l(g-1)) > F^{g-1}_{n-g,1-\alpha}. \qquad \textbf{(10.4)}$$

Die Testgröße F_l aus Gleichung (10.4) ist aus den Beobachtungen y_{il}, $i = 1,\dots,n$ nach Levene wie folgt zu berechnen: Mit $x_{il} = |y_{il} - \overline{y}_l^{l'}|$ sind für Beobachtungsnummern i aus Gruppe l' zuerst betragsmäßige Abweichungen vom gruppenspezifischen Mittelwert $\overline{y}_l^{l'}$ zu bilden. Diese definieren dann für die betrachteten Gruppen externe bzw. interne Summen von Abweichungsquadraten B_l bzw. W_l:

$$B_l = \sum_{l'=1}^{g} n_{l'}(\overline{x}_l^{l'} - \overline{x}_l)^2,$$

$$W_l = \sum_{l'=1}^{g}\sum_{i_{l'}=1}^{n_{l'}}(x_{i_{l'}l} - \overline{x}_l^{l'})^2. \qquad \textbf{(10.5)}$$

In Gleichung (10.5) bezeichnet $\bar{x}_l$ das arithmetische Mittel der Beobachtungen x_{il}, i = 1,...,n; $\bar{x}_l^{l'}$ das entsprechende arithmetische Mittel bei Beschränkung auf Beobachtungen aus der Gruppe l´. Die Testgröße F_l genügt unter den Modellannahmen und bei Gültigkeit der Hypothese H einer F-Verteilung mit g-1 Zähler- und n-g Nennerfreiheitsgraden. Auf der rechten Seite von Ungleichung (10.4) findet sich der (1-α)-Prozentpunkt einer entsprechend F-verteilten Zufallsvariable. Zur Definition von B_l und W_l vgl. Gleichung (2.5) bzw. Gleichung (2.4) in Abschnitt 2.1. Natürlich gilt $W_l + B_l = T_l$ mit $T_l = \sum_{i=1}^{n} (x_{il} - \bar{x}_l)^2$ als totaler Summe von Abweichungsquadraten.

b) **Box-M-Test**: Multivariater Test auf Gleichheit von Störgrößenvarianzkovarianzmatrizen

Getestet werden

$$H: \Sigma^{l'} = \Sigma \text{ für } l' = 1,...,g \qquad G: \text{nicht } H. \qquad \textbf{(10.6)}$$

In Gleichung (10.6) wird von $E(\mathbf{u}_i\mathbf{u}_i') = \Sigma^{l'} \sim (p,p)$ für Beobachtungsnummern i aus Gruppe l´ ausgegangen. Die Hypothese H ist hier dann zu verwerfen, wenn

$$M = \gamma \sum_{l'=1}^{g} (n_{l'} - 1) \ln |(\mathbf{S}_{l'})^{-1}\mathbf{W}/(n-g)|$$

$$> \chi^2_{p(p+1)(g-1)/2,1-\alpha} \quad \text{mit} \qquad \textbf{(10.7)}$$

$$\gamma = 1 - \frac{2p^2 + 3p - 1}{6(p+1)(g-1)} \left(\sum_{l'=1}^{g} \frac{1}{n_{l'} - 1} - \frac{1}{n-g}\right). \qquad \textbf{(10.8)}$$

Nach Box genügt – bei Verwendung der Konstante γ aus Gleichung (10.8) – die Testgröße M aus Gleichung (10.7) einer asymptotischen χ^2-Verteilung, wenn Modellannahmen und Hypothese H zutreffen (vgl. Mardia et al. (1979, S. 140)). So steht auf der rechten Seite von Ungleichung (10.7) der $(1-\alpha)$-Prozentpunkt der χ^2-Verteilung bei $p(p+1)(g-1)/2$ Freiheitsgraden. Links findet sich der Logarithmus der Determinante aus einem Matrizenprodukt. Darin ist $\mathbf{W} = \sum_{l'=1}^{g} (n_{l'}-1)\mathbf{S}_{l'} \sim (p,p)$ die Matrix kombinierter interner Summen von Abweichungsquadraten und $\mathbf{S}_{l'} = \mathbf{Y}_{l'}^{z\prime}\mathbf{Y}_{l'}^{z}/(n_{l'}-1)$ die Varianzkovarianzmatrix der Variablen y_l, $l = 1,\ldots,p$, beschränkt auf Beobachtungen aus der Gruppe l' (vgl. Gleichung (2.4) in Abschnitt 2.1 und Gleichung (6.3) in Abschnitt 6.1). $(\mathbf{S}_{l'})^{-1} \sim (p,p)$ bezeichnet die Inverse von $\mathbf{S}_{l'}$.

c) **Einfache Varianzanalyse**: Univariater Test auf Gleichheit der Erwartungswerte

Getrennt für $l = 1,\ldots,p$ wird getestet:

$$H: \alpha_l^1 = \ldots = \alpha_l^g = 0 \qquad G: \text{nicht } H. \tag{10.9}$$

Die Hypothese H aus Gleichung (10.9) ist beim Signifikanzniveau α zu verwerfen, wenn

$$F_l > F_{n-g,1-\alpha}^{g-1}. \tag{10.10}$$

In Ungleichung (10.10) entspricht die Testgröße F_l, jetzt allerdings mit Beobachtungen y_{il}, $i = 1,\ldots,n$ derjenigen in Gleichung (10.4). Zur Berechnung der externen bzw. internen Summen von Abweichungsquadraten B_l bzw. W_l muß in Gleichung (10.5) die Variablenbezeichnung x also durch y ersetzt werden. Unter den Modellannahmen und bei Gültigkeit von H ist F_l dann F-verteilt mit Freiheitsgradanzahlen wie in Ungleichung (10.10) gegeben. Vgl. dazu den F-Test bei univariaten Regressionsanalysen in Gleichung (8.10) und Ungleichung (8.11) von Abschnitt 8.2.

d) **Multivariate Varianzanalyse**: Multivariater Test auf Gleichheit der Erwartungswerte

Hier werden die unter c) noch getrennten Tests zusammengefasst. Getestet werden:

$$H: \alpha_l^{l'} = 0 \text{ für } l' = 1,...,g \text{ und } l = 1,...,p$$

$$G: \text{nicht } H. \qquad \textbf{(10.11)}$$

Die Hypothese H aus Gleichung (10.11) ist dann zu verwerfen, wenn

$$X^2 = -(n - 0{,}5(p + g + 2)\ln\Lambda > \chi^2_{p(g-1),1-\alpha}. \qquad \textbf{(10.12)}$$

In Gleichung (10.12) hängt die Testgröße X^2 von Wilks´ Lambda ab. Λ ist dabei wie in Gleichung (2.6) von Abschnitt 2.1 definiert, also als Quotient von Determinanten. D.h. $\Lambda = |\mathbf{W}|/|\mathbf{W} + \mathbf{B}| = |\mathbf{W}|/|\mathbf{T}|$ mit $\mathbf{W} \sim (p,p)$ und $\mathbf{B} \sim (p,p)$ als Matrizen kombinierter interner bzw. externer Summen von Abweichungsquadraten der Variablen y_l, $l = 1,...,p$. Bei der Definition der Matrizen **T**, **W** und **B** in Gleichung (2.3) – (2.5) von Abschnitt 2.1 ist jetzt lediglich die Variablenbezeichnung x durch y zu ersetzen, daneben die Variablenanzahl k durch p. Die Testgröße X^2 genügt – wie üblich unter Modellannahmen und bei Gültigkeit der Hypothese H – nach Bartlett approximativ einer χ^2-Verteilung mit p(g–1) Freiheitsgraden (vgl. Mardia et al. (1979, S. 84 und S. 335)). Auf der rechten Seite von Ungleichung (10.12) steht daher der (1-α)-Prozentpunkt einer entsprechend χ^2-verteilten Zufallsvariable. Vgl. dazu den χ^2-Test in Gleichung (8.14) und Ungleichung (8.15) von Abschnitt 8.2.

Im Spezialfall g = 2 kann die Ungleichung (10.12) ersetzt werden durch

$$F = (n - p - 1)(1 - \Lambda)/(p\Lambda) > F^{p}_{n-p-1,1-\alpha}. \qquad \textbf{(10.13)}$$

Die von Λ abhängige Testgröße F aus Gleichung (10.13) ist unter Modellannahmen und bei Gültigkeit von H also F-verteilt mit p Zähler- und n-p-1 Nennerfreiheitsgraden (vgl. Mardia et al. (1979, S. 83)). So steht auf der rechten Seite von Ungleichung (10.13) der (1-α)-Prozentpunkt einer entsprechend F-verteilten Zufallsvariable. Vgl. dazu auch Gleichung (8.8) und Ungleichung (8.18) in Abschnitt 8.1 bzw. Abschnitt 8.2.

Parallel zu Gleichung (8.9) und Ungleichung (8.16) in Abschnitt 8.1 bzw. Abschnitt 8.2 kann die Entscheidungsregel aus Ungleichung (10.12) auch für den Fall g = 3 ersetzt werden, jetzt durch

$$F = 2(n - p - 2)(1 - \Lambda^{1/2})/(2p\Lambda^{1/2})$$
$$> F^{2p}_{2(n-p-2),1-\alpha} \qquad \textbf{(10.14)}$$

(vgl. Mardia et al. (1979, S. 83)). Die Testgröße F ist dann unter den Modellannahmen und bei Gültigkeit von H F-verteilt mit 2p Zähler- und 2(n-p-2) Nennerfreiheitsgraden. Ungleichung (10.14) enthält auf der rechten Seite den (1-α)-Prozentpunkt einer dergestalt verteilten Zufallsvariable.

BEISPIEL: In *Tabelle 1.1* (vgl. Abschnitt 1.1.1) finden sich je n = 77 Beobachtungen der p = 3 quantitativen Eigenschaftsvariablen *leben*, *wasser* und *gewicht*. Die genannten Beobachtungen fallen je nach Wert der Gruppierungsvariable *g* in eine Gruppe mit niedrigerem (*g* = 1) bzw. höherem (*g* = 2) Wert des Index für menschliche Armut (Variable *hpi*). Dessen Ausmaß wird zusätzlich zu den aufgeführten noch durch Werte der weiteren Variablen *alpha* und *gesund* bestimmt. Die einzelnen Gruppen bestehen aus n_1 = 41 bzw. n_2 = 36 Ländern als Merkmalträgern. Für nachfolgende Testzwecke wird davon ausgegangen, dass diese Merkmalträger bei der Ziehung unabhängiger Zufallsstichproben ausgewählt worden sind. Damit liegt dann ein Datensatz vor, mit dem eine multivariate Varianzanalyse durchgeführt werden kann. In einer solchen Analyse gilt es nachfolgend insbesondere, die gruppenübergreifende Gleichheit eines Erwartungswertvektors, der die Variablen *leben*, *wasser* und *gewicht* enthält, zu überprüfen.

In SPSS kann eine derartige Überprüfung mit Hilfe der Prozedur GLM erfolgen. Diese liefert für das Beispiel verschiedene, zu den eingeführten Testverfahren gehörende Ergebnisse. *Tabelle 10.1* zeigt eine Zusammenfassung.

Tabelle 10.1: Testgrößen und p-Werte

Test	Levene		Einfache Varianzanalyse		Box-M		Multivariate Varianzanalyse	
Testgröße/ p-Wert	F_l	p	F_l	p	M	p	F	p
leben	2,434	0,123	93,758	0,000	11,355	0,093	37,432	0,000
wasser	0,063	0,802	31,395	0,000				
gewicht	0,000	0,995	33,782	0,000				

Tabelle 10.1 enthält auf der linken Seite die Ergebnisse univariater, rechts die Ergebnisse multivariater Tests. Im Rahmen der multivariaten Varianzanalyse wird von der Prozedur GLM zudem Wilks´ Lambda mit $\Lambda = 0{,}394$ ausgewiesen, daneben auch die sogenannte Hotelling-Spur mit $T^2/(n-2) = 1{,}538$ (vgl. unten).

INTERPRETATION: Bevor Varianzanalysen durchgeführt werden, sind die dafür benötigten Annahmen zu prüfen.

Hier ist zuerst die Normalverteilungsannahme für die Störgrößen u_l und damit für die untersuchten Eigenschaftsvariablen zu nennen. Diese Annahme kann nach in Abschnitt 1.3.1 angesprochenen Kolmogorow-Smirnow-Tests für die untersuchten Variablen *leben*, *wasser* und *gewicht* als gegeben betrachtet werden.

Univariate Varianzanalysen erfordern daneben die Annahme gleicher Störgrößenvarianzen σ_l^2 für unterschiedliche Gruppen. Diese Annahme überprüft der Levene-Test aus Gleichung (10.3) und Ungleichung (10.4). *Tabelle 10.1* zeigt dazu, getrennt für jede der betrachteten Variablen, den Wert der gemäß Gleichung (10.4) berechneten Testgröße F_l sowie die zugehörigen p-Werte. Es sei hier daran erinnert, dass p-Werte empirische Signifikanzniveaus sind. Werden diese für das Signifikanzniveau α in Ungleichung (10.4) eingesetzt, wird diese Ungleichung zu einer Gleichung. Liegt danach also ein p-Wert unterhalb des z.B. mit $\alpha = 0{,}05$ vorgegebenen theoretischen Signifikanzniveaus, ist die getestete Hypothese H abzulehnen. In *Tabelle 10.1* liegen aber alle zu Levene-Tests gehörenden p-Werte oberhalb von 0,05. Die jeweilige Hypothese gruppenübergreifender Varianzgleichheit ist damit für die zu den Variablen *leben*, *wasser* und *gewicht* gehörenden Störgrößen nicht abzulehnen, kann stattdessen als gegeben betrachtet werden.

Wenn damit also die modellbezogenen Voraussetzungen einfacher Varianzanalysen als erfüllt anzusehen sind, können solche Analysen umgehend durchgeführt werden. Die zugehörige Interpretation soll hier am Beispiel der Variable *leben* als Variable y_l erfolgen. Getestet wird demnach die Hypothese H, dass der Erwartungswert dieser Variable in den beiden Gruppen mit niedrigerem bzw. höherem Wert des Index für menschliche Entwicklung übereinstimmt. Zur Entscheidung zwischen H und der Gegenhypothese G wird für die Werte der Variable *leben* eine Streuungszerlegung vorgenommen und damit die Testgröße F_l aus Gleichung (10.4) berechnet. Da nur g = 2 Gruppen vorliegen, kann diese Testgröße vereinfacht geschrieben werden:

$$F_l = T_l^2 = (\bar{y}_l^1 - \bar{y}_l^2)^2 / (s_{y_l}^{2i} / n_1 + s_{y_l}^{2i} / n_2). \qquad \textbf{(10.15)}$$

In Gleichung (10.15) bezeichnet $s_{yl}^{2i} = (\mathbf{y}_l^{1z\prime}\mathbf{y}_l^{1z} + \mathbf{y}_l^{2z\prime}\mathbf{y}_l^{2z})/(n - 2)$ die kombinierte interne Varianz der Variable y_l. Die Vektoren $\mathbf{y}_l^{1z} \sim (n_1,1)$ und $\mathbf{y}_l^{2z} \sim (n_2,1)$ entstehen dabei aus $\mathbf{y}_l^1$

bzw. y_l^2 durch Zentrierung. Wie der Zähler der Testgröße F_l in Gleichung (10.15) ausweist, wird die aufgestellte Hypothese H nach Ungleichung (10.10) gerade dann abgelehnt, wenn die gruppenspezifischen Mittelwerte hinreichend unterschiedlich ausfallen. Als Zufallsvariable ist die Testgröße F_l aus Gleichung (10.15) F-verteilt, im Beispiel mit $g - 1 = 1$ Zähler- und $n - g = 75$ Nennerfreiheitsgraden. F_l ist damit das Quadrat der t-verteilten Testgröße T_l beim üblichen t-Test für zwei unabhängige Stichproben.

Für die Variable *leben* findet sich in *Tabelle 10.1* der Wert $F_l = 93{,}758$ verbunden mit dem empirischen Signifikanzniveau $p = 0{,}000$. Die genannte Hypothese H ist damit zu verwerfen, d.h. es sind gruppenspezifische Erwartungswertunterschiede für die Variable *leben* statistisch nachgewiesen. Entsprechendes gilt nach *Tabelle 10.1* dann auch für die Variablen *wasser* und *gewicht*.

Soll im Anschluß an univariate Varianzanalysen eine multivariate Varianzanalyse durchgeführt werden, sind vorab wieder Modellannahmen zu überprüfen. Hier ist insbesondere die Annahme gleicher Störgrößenvarianzkovarianzmatrizen $\Sigma \sim (p,p)$ für unterschiedliche Gruppen zu nennen. Im Beispiel bezieht sich diese Annahme auf die $p = 3$ zu den Variablen *leben*, *wasser* und *gewicht* gehörenden Störgrößen. Diese bilden Elemente eines Störgrößenvektors und sollen für niedrigere bzw. höhere Werte des Index für menschliche Armut identische Varianzen bzw. Kovarianzen besitzen. Für den betreffenden Box-M-Test weist *Tabelle 10.1* den Wert $M = 11{,}355$ mit $p = 0{,}093$ aus. Bei einem Signifikanzniveau von $\alpha = 0{,}05 < p$ kann die genannte Gleichheit damit nicht verworfen werden. Sie wird stattdessen nachfolgend unterstellt.

So kann schließlich zu einer multivariaten Varianzanalyse übergegangen werden. Im Beispiel ist dabei die Hypothese H zu testen, dass der Erwartungswertvektor, gebildet für die Variablen *leben*, *wasser* und *gewicht*, in den beiden Gruppen mit niedrigeren bzw. höheren Werten des Index für menschliche Armut übereinstimmt. Bei $g = 2$ kann die Entscheidung zwischen H und der Gegenhypothese G über einen F-Test mit der von Wilks' Lambda abhängigen Testgröße F aus Gleichung (10.13) erfolgen. Diese Testgröße stellt eine Verallgemeinerung der Testgröße F_l aus Gleichung (10.15) dar. Sie ergibt sich über die Streuungszerlegung $\mathbf{T} = \mathbf{W} + \mathbf{B}$ mit $\mathbf{W} \sim (p,p)$ bzw. $\mathbf{B} \sim (p,p)$ als Matrizen kombinierter interner bzw. externer Summen von Abweichungsquadraten gemäß Gleichung (6.3) bzw. Gleichung (6.5) in Abschnitt 6.1. Speziell gilt für F aus Gleichung (10.13):

$$F = (n - p - 1)/(p(n - 2))T^2 \quad \text{mit} \qquad \textbf{(10.16)}$$

$$T^2 =$$

$$(n - 2)(\bar{y}^1 - \bar{y}^2)'(\mathbf{W}/n_1 + \mathbf{W}/n_2)^{-1}(\bar{y}^1 - \bar{y}^2) \qquad \textbf{(10.17)}$$

(vgl. Mardia et al. (1979, S. 77)). Gleichung (10.17) enthält die Testgröße T^2 nach Hotelling.

Im Beispiel mit $p = 3$ sind die Vektoren $\bar{y}^1 \sim (p,1)$ und $\bar{y}^2 \sim (p,1)$ danach Vektoren, deren Elemente gruppenspezifische Mittelwerte, gebildet aus den Beobachtungen der Variablen *leben*, *wasser* und *gewicht*, darstellen.

Die genannte Hypothese H wird nach Ungleichung (10.13) natürlich dann abgelehnt, wenn sich die gruppenspezifischen Mittelwertvektoren hinreichend weit unterscheiden. Als Zufallsvariable ist die Testgröße F aus Gleichung (10.16) F-verteilt, im Beispiel mit $p = 3$ Zähler- und $n - p - 1 = 73$ Nennerfreiheitsgraden.

Tabelle 10.1 zeigt mit $F = 37{,}432$ (bzw. mit $T^2 = 1{,}538*75$ oder $\Lambda = 0{,}394$) und $p = 0{,}000$ das Testergebnis der multivariaten Varianzanalyse. Unterschiede zwischen den gruppenspezifischen Erwartungswertvektoren sind damit statistisch nachgewiesen.

Hinzuweisen bleibt hier auf eine Verbindung zwischen multivariaten Varianzanalysen und Diskriminanzanalysen. Wären im Beispiel analog zu *Kapitel 6* die beiden Variablen *alpha* und *gesund* zusätzlich einbezogen worden, hätte sich Wilks´ Lambda wie in *Tabelle 6.1* (vgl. Abschnitt 6.1) ergeben. Der Test einer multivariaten Varianzanalyse ist somit gleichzeitig ein Test der Hypothese H, dass die betrachteten Variablen nicht in der Lage sind, zwischen den betrachteten Gruppen zu diskriminieren.

10.2 Kovarianzanalyse

Das Modell einer multivariaten Kovarianzanalyse ergibt sich aus dem Modell der multivariaten Varianzanalyse in Gleichung (10.1) und Gleichung (10.2) (vgl. Abschnitt 10.1), wenn in den dortigen Regressionsansatz zusätzliche quantitative Eigenschaftsvariablen x_j, $j = 1,...,k$ als unabhängige Variablen aufgenommen werden. Aus der Verknüpfung von Gleichung (10.1) mit Gleichung (8.1), dem Modell der multivariaten Regressionsanalyse aus Abschnitt 8.1, entsteht dann der Regressionsansatz

$$\mathbf{y}_l = \mu_l + \mathbf{X}\beta_l + \mathbf{u}_l =$$

$$(\mu_{il} + \sum_{j=1}^{k} x_{ij}\beta_{jl} + u_{il}) \sim (n,1) \text{ für } l = 1,...,p. \qquad \textbf{(10.18)}$$

In Gleichung (10.18) wird, analog zu Gleichung (10.2), für Beobachtungen mit der Nummer i aus der Gruppe l´ verlangt, dass $\mu_{il} = \mu_l + \alpha_l^{l'}$ für $l' = 1,...,g$, daneben auch $\sum_{l'=1}^{g} \alpha_l^{l'} = 0$.

Liegen je $n \geq g + k$ Beobachtungen der Variablen y_l, $l = 1,...,p$ und x_j, $j = 1,...,k$ vor, können damit die Vektoren $(\mu_l\ \alpha_l^1 ... \alpha_l^g)' \sim (g+1,1)$ und $\beta_l \sim (k,1)$ geschätzt werden. Es bieten sich für $l = 1,...,p$ getrennte Kleinstquadrateschätzungen wie in Gleichung (8.2) von Abschnitt 8.1

an. Mit diesen lassen sich anschließend analog zu Gleichung (8.3) (vgl. Abschnitt 8.1) Elemente der Varianzkovarianzmatrix $\Sigma \sim (p,p)$ schätzen. Damit sind dann stichprobenbezogen die nötigen Informationen für Testverfahren gegeben, die Kovarianzanalysen in der Anwendung bestimmen.

Da Gleichung (10.18) aber ein multivariates Regressionsmodell spezifiziert, in dem einzelne unabhängige Variablen Dummyvariablen sind, können die Testverfahren aus Abschnitt 8.2 Anwendung finden. Nach der Diskussion in Abschnitt 10.1 sind die dort behandelten Varianzanalysen ohnehin nur diesbezügliche Spezialfälle.

Zur Illustration wird das Beispiel aus Abschnitt 10.1 wieder aufgenommen. Die p = 3 Variablen *leben*, *wasser* und *gewicht* aus *Tabelle 1.1* (vgl. Abschnitt 1.1.1) sollen jetzt aber nicht nur durch die Gruppierungsvariable *g* mit g = 2 Gruppen, sondern für die betrachteten n = 77 Länder zusätzlich durch die quantitative Eigenschaftsvariable *alpha* erklärt werden. Die zugehörige Kovarianzanalyse erfolgt in SPSS wieder über die Prozedur GLM. Einzelne, insbesondere die Verbindung zwischen Regressions- und Varianzanalyse betreffende Ergebnisse können aus *Tabelle 10.2* entnommen werden.

Tabelle 10.2: Geschätzte Regressionskoeffizienten, Testgrößen und p-Werte

abh./unabh. Variable	*alpha*				Varianzanalyse: *g*			
	B	Standard-fehler	multivariat		einfach		multivariat	
			F	p	F_1	p	F	p
leben	0,104	0,074	3,622	0,017	23,651	0,000	9,926	0,000
wasser	-0,189	0,157			19,357	0,000		
gewicht	0,120	0,092			6,451	0,013		

Tabelle 10.2 zeigt im linken Teil den Einfluss der Kovariable *alpha* auf die abhängigen Variablen *leben*, *wasser* und *gewicht*. Mit den geschätzten Regressionskoeffizienten $\hat{\beta}_{jl}$ aus der B-Spalte und den zugehörigen geschätzten Standardabweichungen $s_{\hat{\beta}_{jl}}$ in der Standard-

fehler-Spalte lässt sich jeweils die Testgröße T aus Gleichung (8.13) (vgl. Abschnitt 8.2) ermitteln. Damit kann dann bei entsprechenden Modellannahmen die Hypothese H: $\beta_{jl} = 0$ (vgl. Gleichung (8.12) in Abschnitt 8.2), d.h. in einer univariaten Regression die Hypothese eines fehlenden Einflusses der Variable *alpha* auf die jeweilige abhängige Variable getestet werden. Der jeweilige t-Test ist im Beispiel mit p-Werten größer als 0,15 verbunden (nicht in *Tabelle 10.2* enthalten). Ein univariater Einfluß der Variable *alpha* ist damit statistisch nicht nachweisbar.

Dagegen steht aber ein bei einem Signifikanzniveau von $\alpha = 0{,}05$ statistisch gesicherter multivariater Einfluss dieser Variable. Dieser ergibt sich nach *Tabelle 10.2* aus der Ungleichung $p = 0{,}017 < \alpha$. Das zugehörige F = 3,622 ist Wert der Testgröße F_j aus Gleichung (8.8) in Abschnitt 8.1. Getestet wird damit die Hypothese H, dass keine abhängige Variable durch die Variable *alpha* beeinflusst wird (vgl. Gleichung (8.17) in Abschnitt 8.2). Die Testgröße F_j ist hier unter den benötigten Annahmen F-verteilt mit p = 3 Zähler- und n-k-p+1 = 72 Nennerfreiheitsgraden (vgl. Ungleichung (8.18) in Abschnitt 8.2). Die Zahl k = 3 unabhängiger Variablen erklärt sich dabei aus der Einsvariable für die Regressionskonstante sowie durch *alpha* und *g*.

Analog zur Variable *alpha* könnte in *Tabelle 10.2* auch die Gruppierungsvariable *g* als weitere unabhängige Variable behandelt werden. Bei g = 2 Gruppen lässt sich die Variable *g* nämlich durch eine einzige Dummyvariable abbilden, für die *Tabelle 10.2* geschätzte Regressionskoeffizienten mit zugehörigen geschätzten Standardabweichungen enthalten könnte. Die betreffende Dummyvariable könnte eine Binärvariable mit dem Wert eins für *g* = 1 und null sonst sein. Die Hypothese H, dass diese Dummyvariable in einer univariaten Regression keinen Einfluss auf die jeweilige abhängige Variable besitzt, ist aber identisch zur Hypothese H einer einfachen Varianzanalyse (vgl. Gleichung (10.9) in Abschnitt 10.1). Entsprechend weist *Tabelle 10.2* die Werte einer zu F_l aus Ungleichung (10.10) (vgl. Abschnitt 10.1) parallelen Testgröße F_l aus. Diese Testgröße ist hier unter den jeweiligen Modellannahmen F-verteilt mit g–1 = 1 Zähler- und n-k = 74

Nennerfreiheitsgraden (vgl. dazu Gleichung (10.15) und Ungleichung (10.10)). Insbesondere ist F_l das Quadrat einer wie in Gleichung (8.13) t-verteilten Testgröße (vgl. die obigen t-Tests bzgl. *alpha*) . Die Zahl der Nennerfreiheitsgrade ergibt sich dabei durch das Vorhandensein der Kovariable *alpha*. Wie die zu F_l gehörenden p-Werte in *Tabelle 10.2* zeigen, ist bei $\alpha = 0{,}05$ der univariate Einfluss der Gruppierungsvariable *g* auf alle abhängigen Variablen statistisch nachgewiesen.

Hinzuweisen ist an dieser Stelle auf die Tatsache, dass in univariaten Regressionsanalysen die Koeffizienten der unabhängigen Variablen schrittweise geschätzt werden können (vgl. Kockläuner (1988, S. 118ff)). Über eine schrittweise Kleinstquadrateschätzung ergeben sich dann auch die für Zähler bzw. Nenner der Testgröße F_l benötigten Summen von Abweichungsquadraten (vgl. Fahrmeir et al. (1996, S. 198ff)).

Nach *Tabelle 10.2* ist bei p = 0,000 der multivariate Einfluss der Gruppierungsvariable *g* ebenfalls statistisch gesichert. Dieser Einfluss wird – analog zum Einfluss der Variable *alpha* – über einen F-Test geprüft. Dabei wird natürlich die Hypothese H der multivariaten Varianzanalyse aus Gleichung (10.11) (vgl. Abschnitt 10.1) getestet. Die Testgröße F ist wieder aus Gleichung (8.8) und damit bei g = 2 Gruppen parallel zur Testgröße F aus Gleichung (10.13) (vgl. Abschnitt 10.1). F besitzt unter geeigneten Modellannahmen hier wieder eine F-Verteilung mit p = 3 Zähler- und n-p-k+1 = 72 Nennerfreiheitsgraden. Die genannten Testgrößen von F-Tests unterscheiden sich danach u.a. durch die Zahl von Nennerfreiheitsgraden: Für eine multivariate Varianzanalyse gilt hier k = g = 2, für eine multivariate Kovarianzanalyse erhöht sich k um die einbezogene Anzahl von Kovariablen.

Literaturverzeichnis

Fahrmeir, L. et al. (Hrsg.) (1996): Multivariate statistische Verfahren. Berlin.

Falk, M. et al. (1995): Angewandte Statistik mit SAS. Berlin, Heidelberg.

Greenacre, M. (1984): Theory and applications of correspondence analysis. London.

Kockläuner, G. (1988): Angewandte Regressionsanalyse mit SPSS. Braunschweig, Wiesbaden.

Kockläuner, G. (1994): Angewandte metrische Skalierung. Braunschweig, Wiesbaden.

Kockläuner, G. (1996): Conjoint-Analysen mit ordinal skalierten Objektmerkmalen. Jahrbuch der Absatz- und Verbrauchsforschung, S. 401 – 405.

Kooij, A.J. van der und J. Meulman (1997): MURALS: Multiple regression and optimal scoring using alternating least squares. In: W. Bandilla und F. Faulbaum (Eds.), SoftStat´97 Advances in Statistical Software 6, Stuttgart, S. 99 – 106.

Linder, A. und W. Berchtold (1982): Statistische Methoden III. Basel.

Lusti, M. (1999): Data Warehousing und Data Mining. Berlin, Heidelberg.

Mardia, K.V. et al. (1979): Multivariate Analysis. London.

Rencher, A.C. (1995): Methods of Multivariate Analysis. New York.

Sharma, S. (1996): Applied Multivariate Techniques. New York.

UNDP (1998): Bericht über die menschliche Entwicklung 1998. Bonn.

www.ingramcontent.com/pod-product-compliance
Lightning Source LLC
LaVergne TN
LVHW022319060326
832902LV00020B/3560
* 9 7 8 3 5 2 8 0 3 1 6 5 7 *